THE DYNAMICS OF ARCHITECTURAL FORM

国外建筑理论译丛

建筑形式的视觉动力

［美］鲁道夫·阿恩海姆　著

宁海林　译

牛宏宝　校

中国建筑工业出版社

著作权合同登记图字：01-2006-2942 号

图书在版编目（CIP）数据

建筑形式的视觉动力/（美）阿恩海姆著；宁海林译.
北京：中国建筑工业出版社，2006（2021.4重印）
（国外建筑理论译丛）
ISBN 7-112-08459-3

Ⅰ．建…　Ⅱ.①阿…②宁…　Ⅲ. 建筑理论
Ⅳ. TU-0

中国版本图书馆 CIP 数据核字（2006）第 078164 号

© 1978 The Regents of the University of California
Published by arrangement with the University of California Press

The Dynamics of Architectural Forms by Rudolf Arnheim

本书由美国加利福尼亚大学出版社授权翻译出版

责任编辑：程素荣
责任设计：郑秋菊
责任校对：张景秋　张　虹

国外建筑理论译丛
建筑形式的视觉动力

［美］鲁道夫·阿恩海姆　著
　　　　宁海林　译
　　　　牛宏宝　校

中国建筑工业出版社出版、发行（北京海淀三里河路9号庄）
各地新华书店、建筑书店经销
北京雅盈中佳图文设计公司制版
北京建筑工业印刷厂印刷
开本：787×1092 毫米　1/16　印张：15½　字数：450 千字
2006 年 9 月第一版　2021 年 4 月第四次印刷
定价：**65.00** 元
ISBN 7-112-08459-8
　　　（37277）

前言

　　写一本有关建筑视觉形式的书需要有充足的理由。有充足的理由就能让我们如此关注建筑的外观吗？如果有，那么能够提供出这样的一种分析，置与建筑艺术密不可分的大量社会、经济和历史内涵以及所有技术于不顾吗？

　　当我们走在大街上的时候，大多数人都会通过观看所路过的建筑物外观以及它们在空间上的排列而受到这样或那样的影响。而且，很难回避这样一种印象，即如今在视觉上成功的建筑比以往其他任何时代或文明中都更为罕见了。这种论断是基于何种事实基础之上的呢？我们会问：一座建筑物是否已显示出使其自身被人们看懂的这种视觉统一性了呢？它的外观是否已反映出作为设计目的的既包括物质上也包括心理上的多种功能了呢？它是否已显示出活生生或应该是鲜活的社会精神了呢？它是否传达出一些人类智慧和想像中的精华了呢？如果我们遇见了符合上述要求的建筑作品，我们就会感到这些建筑是有意义的、有道理的。但是当我们常常得知这种愉悦感不是由我们这个时代的建筑师所带来的，而是由从前某个人带来的时候，视觉给我们带来的兴奋就打了折扣。

　　现在，人类为自己所提供的大部分公共设施所产生的持久不舒服感促使我去探索影响建筑心理效应的视觉条件。然而一种更为积极的冲动来自于我的一些亲眼所见，是位于斯尼旺海角的波塞冬神庙残迹，它高高矗立在爱琴海上，亦或是位于悉尼港海岬的悉尼歌剧院。我从威严的立体状的罗马法尼榭宫以及波士顿的新市政大厅；从万神庙的圆顶和由 P·L·奈尔维（Pier Luigi Nervi）创造的水泥诗歌、纽约办公大楼夜晚灯火辉煌的水晶山、宽阔的巴黎大街以及威尼斯迷宫等受到启迪。但是起决定性的原因可能是我在哈佛大学卡彭特视觉艺术中心［勒·柯布西耶（Le Corbusier）设计］从事视觉艺术工作的那些年，不仅是观者，而是服务于或被具有广大空间的建筑物服务。早晨，弯曲的工作室的延伸处向我致意、在高大的柱子之间走动或沿着旋转楼梯爬到三楼、驱使我在那些大厅控制的限界内走动，并努力与它们交流——这给我曾在绘画和雕塑中做过研究的人与人工形式之间的关系增加了一个实际互动的维度。这突然让我想到，组成视觉形状并赋予它们表现力的知觉力包含在建筑几何之中，它具有只有音乐才有的纯净。

赋予那些形状以兴奋——"柱子的赞歌"（*cantique des colonnes*），当保罗·瓦雷里（Paul Valéry）把它称作如此美妙的时候——我却感到很困惑，因为我注意到建筑从业者、教授、老师、学生，他们由于倦怠或失望而忽略了对设计的积极研究，甚至宣称，它毫无意义地偏离了建筑的真正社会义务。我发现建筑师在他们的著作中把注意力集中在报告他们在语言学、信息理论、结构主义、实验心理学和马克思主义的学识上。很多时候，这些脱离主题的东西似乎冲淡了对建筑本身的讨论。毫无疑问，这些理论方法有助于了解我们主题的某些方面，但是如果不在视觉上阐明实际的建筑产品，即建筑的外观、效果和用途等，那么这些学术讨论就与其说是阐明了，不如说是遮蔽了主题。

当然，设计恰恰是创造建筑的可感、可视的形式，那么设计如何让人认识到没有它可能就不行呢？这仅仅是在今天的邮局、银行、演讲大厅中试图复兴过去的庙宇、教堂、城堡的一种逆历史潮流运动吗？这种转变是对当前以整洁而空洞的几何形状隐藏人类冲动多样性的一种抗议吗？无论什么原因，企图回避建筑师的最终职责注定是徒劳的，人们可以忽略物体的形状，但是没有形状，我们也就无法与物体打交道。

当然，对形式研究的诘难，部分源自对建筑师和理论家把建筑视为纯粹的形式而不考虑它们的实际用途和社会作用。任何一位对建筑与人类社会之间的相互作用有真正感觉的人都必须反对这种形式主义，因为它必然对它希望处理的形状产生曲解。如果不把形状和它的功能联系起来，人们是不能理解门窗或桥梁形状的。除此之外，肯定只有非正常思维的人才会把建筑物仅仅看作是通向目的的一种手段。需要仔细研究的正是这种目的的本质以及达到它的方式。

物质需要似乎是第一位的，没有保护良好、设备齐全的住所，人类生活就不能顺利进行。但真正理解实际需要是一回事，在抨击"形式主义者"的辩论中轻而易举取得胜利又是另外一回事。坚持物质需要的重要性而轻视甚至嘲笑其他需要会把持此论调者置于一个强烈的对立面上，将使他看上去是一个脚踏实地的、被社会责任感所鼓舞的、对品位、情调诸琐事的价值无动于衷的人。他清楚地表达了这样的事实：冰冷的房子、破碎的玻璃窗、垃圾和老鼠。但是当客观地衡量人类的需求时，这种简单论调恐怕是不充分的。

在本书以后的论述中，我将会提醒读者，所有的人类需要都是精神上的，饥饿的折磨、冬天的寒冷、对暴力的恐惧、噪声的干扰都是人类意识层面上的实证。非要把它们一些归结为物质，而另一些归结为意识是没有意义的。饥饿、寒冷和恐惧与对和平、私密性、空间、和谐、秩序以及颜色的需要有同一层面的意义。据心理学家所知，其间孰先孰后绝不是不言而喻的。尊严、自豪感、亲切感、安逸感——这些都是基本需求，是探讨人类福祉时必须考虑的。既然它们是精神上的要求，使它们满足的就不仅是通畅的管道、良好的供暖或保温，而且还有光、适宜的颜色、视觉秩序、比例恰当的空间等。

通常，走在街上或住在屋子里的一些人不会关心建筑师，而过着豪华、安宁、享乐生活的人们归结于他的心理需要，这个问题在这里就再次很容易被摒弃。如果问一位普通人，他会谈到暖气、通风设备、楼梯以及洗衣房，而不是色彩搭配和柱式的比例。他可能也不会谈到光和空气，然而，却会被它们的质量深深影响。对调查问卷和采访的清晰回答并不能透彻了解一个人精神状态的所有因素，其实一个人对自己内心的很多因素，也未必有清晰的认识。

于是，建筑从各个方面来讲是人类精神的产物。他是视觉、听觉、触觉和冷热感以及肌肉运动的一种体验，也是由此产生的思想和斗争的一种体验。尽管这样，我不仅要为这本书中将要论述的建筑的视觉形式的重要性而张目，我还必须证明我努力对建筑的视觉方面所作的探讨是正确的，即不把它们放在感官体验所依赖的历史、社会和真正个人的背景之下。

完全孤立出视觉表象不是显然与我刚刚论述的（即除非考虑建筑物的功能，否则建筑物的视觉形式是不能被理解的）相冲突吗？确实是这样，正像我试图表明的那样，例如，在比较建筑和雕塑的章节中，我主张一个物体能还是不能让人住进去，人们对它的感受完全不同。此外，我在最后一章完全致力于建筑物的功能和表现之间的相互关系。

即使这样，一些读者可能认为我的描述仍然浮在空中，因为他们不能确定书中讲到的"观看建筑的人"到底是在历史、社会、个人条件下的怎样的一个人。事实上，他们会说，我正在讨论一些只存在于我心中的事情，因为另一个人一定与我想的不一样。我的回答是，我的方法对我来说似乎是绝对必要的，因为我们首先要知道别人看的是什么东西，而后我们才能解释，为什么他们在特定的条件下会这样看东西。举一个简单的例子就可以说明这个观点，假设有人想探知红色的性质，他通过各种个案来探讨这一问题，如燃烧着的房屋、革命的旗帜、屠宰场、交通指示灯、斗牛、教主的长袍、落日，还有 14 世纪、17 世纪、20 世纪用于油画中的红颜色。然后他会试图从所有这些中分辨出红色的共同体验。用这种方式进行并不是不可能，但这意味着用一种困难的方法获取结果。展开这一调查的更好方法是，把红色表面或红灯所产生的经验从特定的环境背景中"加括号"提取出来，在中性条件下考察它。当然，严格来说，从特定的环境下的分离是不完整的，但是对所有允许实验的心理学来说，依靠这种程序是非常有效的。观察取得的事实与人类经验的基本要素越接近，这种步骤就越可信。例如，颜色对比或某些错觉的知觉现象是自足完善的机制，个体差异可以忽略。环形曲线和抛物线在上升与下降、开放与封闭、动感体验等方面都存在明显的区别，这些区别对于不同的人也基本上是一致的。

从这种观察中所得到的结果绝不仅仅是个体观者的个人经验，它们揭示了人类知觉的普遍基础，也是精神结构的基础。一旦这些初级经验被确定，人们就会开始理解它们是怎样在特定环境中形成的。这些知觉要素如此强大以至于它们很少被特殊条件完全取代。那些盖在上面的东西仅仅是调节它们。无论在什么样的情况下，知觉要素都会持续，只有当我们了解它们的基础方面时才会理解个案。一个人如果对垂直线和水平线之间的动力关系没有清楚的概念，他怎么能够区分公元前 5 世纪的雅典万神庙与公元 1300 年位于布尔日的哥特大教堂的不同之处呢？如果我们不知道那些希腊人或法国人面对的是什么东西，我们又怎能弄懂他们所见所感呢？

一个图示对我弄清楚这些关系起很大作用（图 1），在图中，T 代表观察的目标，A、B、C、D 代表不同的观者，如果我们把分析仅局限于在观者中普遍的文化和个人条件下，我们从没有关于他们接受知觉物体的任

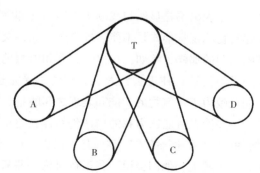

图 1

何知识的情况下出发；我们就会得出这样的荒谬和令人苦恼的结论：既然他们看见的都是不同的事物，就不可能有共同的体验，也不会有交流。另一方面，如果我们把我们的分析局限于目标 T，我们就会忽略由其他人或观者群体的观点所引起的潜在修正。以这种同样是片面的方式，我们能找到共同的核心，但我们却不能回答在特殊条件下将会发生什么。然而我们希望孤立出建筑的特质，它们很有可能在时代品味的变迁中保存下来，一座埃及神庙、一座中国宝塔或一间洛可可式猎屋的永恒价值，在建筑风格的那些特定外部条件早已不是审美经验的组成因素很久以后，这些特质还能遗存下来，我们感受到这些特质的独特结构，它在许多方面丰富我们的概念，其中人们能够把自己的人生观和世界观转化为石头或木头。

本书希望提供这样的帮助，虽然它的方法是片面的，但它所针对的知觉核心却可以挑选出来，又不会因为冗长而产生曲解。就像我们观看一扇圆花窗，尽管它的完整意义是从建筑背景中得来的，但是我们还是可以欣赏并且合理地分析它的圆形、窗饰以及彩色玻璃设计，当然，更完整的理解，需要同时考虑历史、社会以及个人的因素，我已经把这些因素用 A、B、C、D 在表 1 的示意图中表示出来了。

在选择实例时我经常需要区分成功的建筑和不成功的建筑，因为只有最好的样本才能体现出来被偶然因素淹没的视觉特性。在这里又需要作一些方法上的讨论：据说分析家和历史学家进行研究，而不作任何价值判断，他必须只描述发生了什么。当然，在实际中，这种约束不会被严格执行，原则上人们要求学者不作价值判断，而这正是图 1 力图驱散的成见：据说一个物体的价值取决于它所满足的需求。这当然是正确的，但是相对论者的论断认为，因为需求因人而异，因艺术关注的社会、历史条件而异，所以声称罗马的威尼斯宫比与相邻的伊曼纽尔二世纪念堂是更好的建筑，这是十分荒谬的。鉴赏家可能对大理石做的结婚蛋糕嗤之以鼻，但普通的爱国者或游客的态度可能有所不同。

对流行品位的研究对社会学家来说是有趣的，而对商人来说是有用的。但为了有意义，他们必须鉴别出喜欢或排斥所依据的物体本身固有的特点。作为一种规则，物体大部分性质会发挥某种影响并以某种方式被评价。回应程度从最肤浅的吸引力到最深刻的人类意义，本书致力于后者的视觉表达。

承载价值的性质可以描述得相当精确，但很多这样的描述不能通过数据的测量或记录的方式从量上得到确认，它们与很多其他精神上或物质上的东西共有这一特点，这并不会取消它们的存在或重要性。这样的数据缺乏也不会使它们不能被客观地探讨。通过指出感知事实、做比较、注意相应关系而进行探讨的"实证方法"，是通过共同努力加深理解的合理方法。

在早期的一本书中，即《艺术与视知觉》（Art and Visual Perception），我曾大量使用过这种方法，当我决定要写关于建筑的书时，首先想到要把我在早期的书中，主要用绘画和雕塑的实例发展和阐明的理论完全应用于这个新题目上。事实上，这也是建筑学的学生和老师们督促我做的一件事，在某种程度上我这样做了。但是这本书技术性不大强，也不太系统。无论是因为我不想重复以前的论述，还是因为建筑艺术那广阔的体验花园要求我使用一种不同的方法，本书与其说是一个专业分析的作品，还不如说是一个在人造环境中考察的探险者完成的特征报告。

还有一点是正确的，那就是建筑的特殊本质要求一些与绘画和雕塑相关性很小或者总体上不适合的特殊原则。聚集在居住区内的大型建筑，它们直接参与居民的实际活动，它们既有内部也有外部——所有这些都需要有其他概念，例如，源自纸上的平面图形的传统图—底感知方法，就不得不重新加以定义。最概括地说，我已经逐渐相信寓于形状、颜色以及运动的动力是感官感知的决定性因素，尽管它们很少被探究。正因为如此，我才用"动力"这个词做了本书的题目。在1966年，我以《形状动力》（Dynamics of Shape）为题目的一篇论文发表在《设计季刊》（Design Quarterly）上，并因此开始引起了争论。

同时，我希望献身于建筑的人不要抱怨我把空间与其他视觉艺术以及音乐做了比较。一个人如果不去看看邻居花园里的东西，他永远也不能真正懂得自己的土地，就像一个人如果不学习其他语言就不会真正明白自己语言的特性一样。

也许我应该解释为什么这本书的插图不像如今关于建筑方面的书那样丰富，在书中提供建筑作品的所有附有简略注释、与内容相称的图片，能够给读者提供代替真正经验的珍品，使他揣摩作者的意图并超越它们，进行自己的探索。但是从这些丰富图片具有渗透力和自然展示中得到的回报却在逐渐减少，并且我怀疑这种丰富会干扰视觉想像力的训练，而这种训练又是非常必要的。我要感谢库珀艺术和建筑联合学院的学生——罗伯特·罗瑟（Robert Rossero）的协作绘图，在我看来，这些插图在所要阐明的概念理论和所代表的那些富有个性的建筑之间保持了一个合理的抽象性。

感谢纽约库珀艺术和建筑联合学院邀请我参加 1975 年玛丽·杜克·比德尔（Mary Duke Biddle）演讲。在那里我宣讲了最初的四章中的内容，它使我一发而不可收地写了本书其余部分。我也要感谢伦敦的约翰·盖（John Gay），他允许我用了一些他的精美图片，还有密歇根大学艺术史系的瓦莱丽·迈耶（Valerie Meyer）和林达·欧文（Linda Owen），他们帮助我整理文字来源和图片说明。我的妻子玛丽为我打出了草稿。我的编辑穆里尔·贝尔夫人（Mrs. Muriel Bell）帮我润色句子，从而使它们更简练、更准确。斯坦福大学艺术系的建筑史学家保罗·特纳（Paul Turner）教授提供了一些有价值的修改和建议，以及阿尔维德·E·奥斯特伯格（Arvid E. Osterberg）用建筑学家的批判眼光为我审稿。我在此一并向他们致谢。

鲁道夫·阿恩海姆
（Rudolf Arnheim）
于密歇根安娜堡

目 录

前言 …………………………………………………………………………… v

第一章　空间要素 …………………………………………………… 1

空间是由物体所创造 ……………………………………………… 1

建筑的内涵 …………………………………………………………… 4

中间区域 ……………………………………………………………… 7

虚空与遗弃 …………………………………………………………… 10

周围空间的动力 …………………………………………………… 14

第二章　垂直与水平 ………………………………………………… 19

不对称的空间 ……………………………………………………… 19

适应直立的视觉 …………………………………………………… 21

穿透地面 ……………………………………………………………… 25

水平状态 ……………………………………………………………… 28

重力和高度 …………………………………………………………… 30

圆柱的动力 …………………………………………………………… 32

平面和剖面 …………………………………………………………… 36

第二维度和第三维度 ……………………………………………… 39

心灵增加了意义 …………………………………………………… 45

第三章　实体和虚空 ························· 47

　　背景中的建筑 ···························· 47

　　无边界的底 ···························· 48

　　空间的相互作用 ························ 49

　　街道作为图 ···························· 54

　　十字路口和广场 ························ 58

　　教堂里的交叉 ·························· 63

　　内部和外部 ···························· 66

　　凹面和凸面 ···························· 69

　　相互联系的内部 ························ 73

　　从两面看 ······························ 74

第四章　所见与所是 ····················· 81

　　感知实体 ······························ 81

　　投影变形 ······························ 82

　　阿里阿德涅线团 ························ 85

　　深度感的阅读 ·························· 87

　　模型和尺寸 ···························· 91

　　图像的范围 ···························· 95

　　整体的部分 ···························· 97

　　视觉化的建筑 ·························· 101

　　倾斜和深度 ···························· 104

第五章　运　动 ························· 108

　　容器的自治 ···························· 108

　　高贵的静穆 ···························· 110

　　棚体和地下通道 ························ 112

　　运动状态 ······························ 114

　　路线的动力 ···························· 117

第六章 秩序与无秩序 ……………………………………… 123

矛盾是一个缺点 …………………………………… 123

秩序的约束力 ……………………………………… 125

秩序的三种修饰 …………………………………… 126

如何制造杂音 ……………………………………… 129

无秩序的原因和效果 ……………………………… 131

复杂性的诸层次 …………………………………… 137

庇亚城门 …………………………………………… 141

形状的相互作用 …………………………………… 144

平衡的要素 ………………………………………… 149

秩序的范围 ………………………………………… 153

功能不同，秩序不同 ……………………………… 155

第七章 动力的象征意义 ……………………………… 159

视觉标志 …………………………………………… 159

象征意义 …………………………………………… 160

内在表现 …………………………………………… 163

自然界中的人工制品 ……………………………… 166

那是雕塑吗？ ……………………………………… 169

动力比例 …………………………………………… 172

建筑的敞口 ………………………………………… 176

基础的扩张 ………………………………………… 183

三维中的西法鲁大教堂 …………………………… 187

拱门的动力 ………………………………………… 189

第八章 表现和功能 ……………………………………… 195

装饰及相关 ………………………………………… 195

源自于动力的表现 ………………………………… 199

功能不能决定形式 ………………………………… 200

器皿表达的含义 …………………………………… 202

自然符号：密斯和奈尔维 ·· 206

建筑造型行为 ·· 211

概念如何获得形状 ·· 213

所有思想求助于建筑 ·· 214

参考文献 ·· 218

致谢 ··· 223

词汇对照 ·· 224

译后记 ·· 230

第一章　空间要素

什么是空间？对这个问题有两种既存答案。其一是自然生成的，这似乎很有道理，它把空间看成是一种有限或无限的自足实体、空的媒介物，准备或已经盛了东西的容器。自觉或不自觉地，人们从他们看到的世界中得到了这个空间的概念，如果他们不是心理学家、艺术家或建筑家，他们不会对此产生疑问并面临挑战。柏拉图在《蒂迈欧篇》（Timaeus）中把空间说成是"所有被创造出来的、看得见的，以及以任何方式可以感知的事物的母亲和接受者"，他认为空间是"能够接纳所有物体的自然性质——我们应当始终用同一的名称来称呼她，因为她接纳一切事物却从来不改变自身的性质，也不会在任何地方、以任何方式，擅取任何类似于进入其中的任何事物的形状；它是一切形状的天然接受者，随着各种有形体的进入而变化和变形，并因此而在不同时间里呈现出不同的状态"。对柏拉图来说，空间和外部世界能容纳东西的物体一样，是一种虚无的存在，在这些物体缺席的情况下，空间作为一个空的、无限的容器依然存在。

空间是由物体所创造

如果认为空间是自然生成的，那么空间被定义为先于其内部的物体而存在，放置在它里面的每件物体都有它自己的位置。如果我们不尊重这种看待世界的自然的、普遍的方式，我们就不能指望弄懂建筑的本质是置于在特定的、连续空间中的建筑物的排列。尽管如此，这个概念既没有反映出现代物质知识，也没有描述出心理学上对空间的理解方式。物理学上，空间被定义为物质实体的延伸或相互毗邻的领域，例如，土石与毗邻的水体及天空构成的一处景观，在这个范围内不同物质之间可测量的距离就是物理空间的显现。除此之外，物质之间的相互影响也决定它们之间的空间：距离可以通过从一个光源达到一个物体的光能的数量、或者一个物体对另一个物体产生的吸引力的强度、或者一物体运动到另一物体的时间来描述。然而，与弥漫在空间中的能量不同，空间不能说是一种物理的存在。

同理，可以在心理学上寻找空间感觉的根源。尽管空间一旦建立，就被定义为经常存在并且自足，但是这种体验只能通过物体间的相互关系才能产生。这是对什么是空间问题的第二种回答：空间的感知只有知觉到事物的存在才能产生。

于是关于这两种空间概念的区别就有了基本结论。那种把空间作为容器，认为即使它完全是空的也依然存在的观念，反映了牛顿假说的绝对参照基础的性质。这种空间观念与那种认为所有的距离、速度以及尺寸都有同样绝对尺度的空间观念不同。在几何学上，这种观念符合笛卡儿坐标系，即认为在一个三维空间中所有的位置、尺寸以及运动都是相互联系的，例如，只要给定一个球形物体，它相对于框架的空间位置就可以从构成参照系中指示出距离的三个坐标确定出来。

如果我们否认绝对空间的存在，而认为空间是存在物体的创造物的这种构思是没有意义的。以这种观点来看，没有一个是为这个独立悬挂在空中的球体而存在的三维框架，也就没有上下、左右，也没有大小和速度，也没有任何一种可确定的距离，而只有一个被空非常对称包围的一个独立的中心，而这个空是没有任何其他东西可供其识别方位的，因此，方向的概念也就根本不会出现。假如这样的话，空间就是一个无限延伸的中心对称的球体。应该注意的是，我在这里所描述的这种情况不只是物质的而是经验的，即预先假定一种空间知觉，在某种程度上是那个独立球形物体所固有的。

我们可以进一步通过假设在虚空中存在的两个物体，即观者和他所观察的物体来把知觉与其所专注的对象区分开来。让我假设宇航员在接近地球时，由于时间原因，暂时从他的心里抹去所有关于天体的记忆，一种直线的联系在观者与地球之间自然形成了，这种联系构成了一维世界的轴线。沿着这条轴线有距离、方向和速度，并且空洞的环境围绕着无限大的圆筒形式的轴线安排自身对称。

一种大致相似的体验可能会在我们地球环境中发生。例如，当一个人走向矗立在非常空旷的平地上的高楼时，这种感知关系基本是在观者及目标之间，尤其当建筑物是这个人的目的地时。水平的地面，尽管被感知到，却并没有改变观者和高楼之间的关系，因此也就不会主动进入他关于位置的空间概念，只有环境中空无一物时，这种情况才不会发生。一位异乡人试图到达耸立于城市中的一座高楼，他可能朝着所见的目标走，选择似乎指引他正确方向的一条条街道，他对所穿过的街道没有任何有意识的理解，仿佛在丛林中劈出一条路一样。虽然一座复杂的物理结构以物质形式存在，但这种体验也会被主要目标和一心一意地到达它的努力所支配。

请注意，由观者本人与目标之间所建立起来的连接被定义为一条直线。大体而言，这种连接可以在无限多的最不合理类型中的曲线、绞线和环形中采取任一形状。最短连接的经济选择是格式塔心理学的简化原理的基本运用：被神经系统创造的、采用的或选择的任何式样在给定的条件允许的情况下尽可能简化。

如果再进一步思考空间中的三点而不是两点的构造时，我们将会更好地理解这一原理的效果（图2）。假设一艘宇宙飞船参照一个行

图 2

星和太阳航行，根据简化原理，这种情况将会在宇航员的头脑中创造一个三角形结构。一个平面三角形是三个点可以和谐共存的最简单的结构，当宇航员把他们的注意力集中在他们与行星和太阳的关系时，他们的世界就不再是一维的，而是二维的。在功能上没有第三维的存在，例如，三角形平面在空间中的位置、是水平方向垂直方向以及是不是倾斜的问题都是没有意义的。在这里请注意，如果空间不是被包含在内的三个对象所创造的，而是与一个外部的笛卡儿坐标的外部框架相联系，那么一套不同的空间关系就会产生，而这将会完全排除物体间的三角联系（图3）。

因为我们是在做空间的心理体验，因此更多地依赖于观者如何看待空间位置并赋予它以结构的。例如，如果远

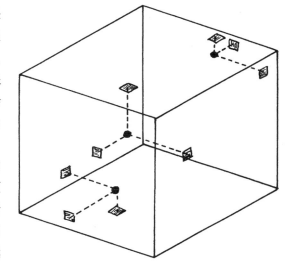

图 3

处的星体闯入这三个星体的范围之内，与它们相对应的角色和作用将会影响由此产生的星座，竞争各方的相对力量至关重要。一颗小星星可能不会打破这个三角状态的平稳（图4），但却被看作是位于这个基础上的某种角度上。当然，如果第四个物体很强，它将会创造一个比较完整的新的三维结构：三角形平面就可能被四个角的多面体所取代（图5）。

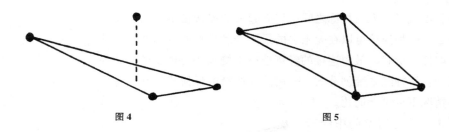

图4　　　　　　　　　　　　　　　　　　　　　　图5

建筑的内涵

在更抽象意义上，我们将会看到对于建筑师具有实际重要意义的基本原理。不管自然产生的观念预示什么，空间绝不是由本身产生的，它是自然和对建筑做出贡献的人工物体的特殊群体创造出来的。在创造者、使用者或旁观者的头脑中，每一个建筑群都会建立自身的空间框架。这种框架是从与自然及心理情境一致的简单结构性轮廓中衍生出来的。在一般情况下，由作为整体的建筑布局而建立的结构可能毫无疑问地起到支配作用。例如，在一个被耕地环抱的线性村落中，主街道可能作为单维主干使所有特定场所和空间方向与其保持一致。但是通常情况较为复杂，整体中的某些部分建立了它们自身的空间框架。一个沿着东西方向坐落的教堂可能与它的环境的整体方向相反，两者之间的关系可能很复杂或者难以处理，在这种情况下，空间秩序遭到了破坏。下面看看近代的一个具有戏剧性的例子，是由亨利·理查森（H. H. Richardson）设计的、坐落在四边对称的波士顿卡波利广场（Copley Square）的圣三一教堂（Trinity Church）与MMW公司（McKim, Mead & White）设计的公立图书馆遥相呼应，然而在视觉上，像在对角线附近被插入的一个楔子——巨大菱形的约翰·汉考克大厦（John Hancock Tower）（图6和图7）。在这种情况下，附加物可能被现有的环境完全同化或者位于从属地位——但在这个例子中，由于附加物的体量及高度而不太可能，或者新旧结构能够把它们自己重新组织为一个统一形状的新结构。最有可能是两种不相容的形状的冲突，将会以互相否定而告终——意味着破坏了视觉秩序。

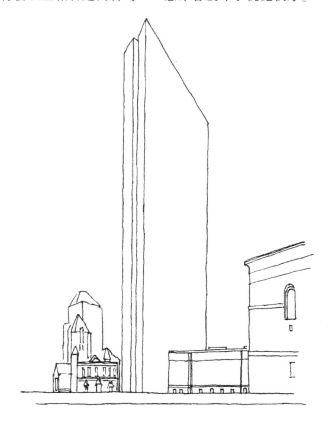

图 6

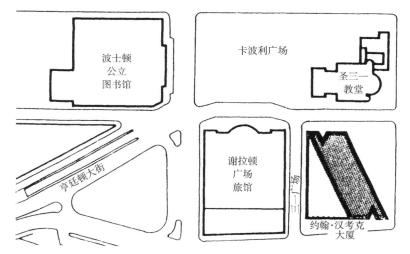

图 7

　　大多数的建筑背景是这种空间体系的高度复杂的群体，一些从属、一些并列、一些相互邻接、一些交叉或环绕其他建筑。在更广泛的程度上看，背景可能是一整座城市的形状，它由不同的区组成，每一个区又由单独的部分组成，以这种方式被进一步分成独立的街道、广场、大楼。每一座大楼都有自己的一个格局，这种细分可以一直到一个单独房间的摆设，其中，桌子、书架，或者床各自都会构成一个独特的空间框架。

　　凯文·林奇（Kevin Lynch）对于城市布局的经典描述会更加说明这个问题：在不同水平上，空间系统不是高度秩序化就是混乱的。按照常理，作为一个整体规划的环境有可能比大多数社区形成的零碎组合倾向于产生更持久的秩序，尽管后者并不一定会产生无序。林奇的分析说明越是客观有秩序产生的空间结构，与人们想像中的布局形式越一致。结构越是模棱两可，产生的式样越取决于观者关注的地点以及他对不同部分了解的程度等。

　　更多关于秩序和无秩序的讨论将在第六章进行。我在这里只补充一点，那就是建筑物创造出来的空间的复杂性，它被一些心理学家称为发展的物质。三维空间只是以其最粗糙的形式直接作用于心灵；更为精细的维度之间的相互作用必须通过它的逐步理解。因此早期的空间概念非常简单，因为实践上发展的因素可以被技术的、历史的或者个人的影响所遮蔽，所以空间概念在实际建筑中常常不是很明显。但是，对于了解起作用的一个构成因素是心灵掌握空间的结构，是从最简单到不断复杂的趋势，这是很有用的。在一个相对单纯的状态中，我们可以发现这种趋势存在于孩子们的积木中、在建筑系学生的早期实验里，或者在远古的小屋里。从心理学上看，最初阶段可能存在于不确定空间的一个单独物体的摆放中。在某种较为发达的阶段，不仅物体之间的关系，而且一个物体的各个组成部分之间的关系也可能主要是二维的，都被想像为一个平面，无论是水平的还是垂直的平面。在这样的平面里，相互关系可能一开始被局限在直角的那些，继而是更为复杂倾斜的。同样，真正的三维在最初阶段上把自身局限在直角关系上，例如在立方体的形状或立方体的排列中。

　　通过这种方法人们可以建立更加复杂的等级，通过空间想像继续从最简单的结构到最复杂的结构。当然，在纯粹的自然意义上，即使最简单的建筑行为也包含三维，因为任何一块砖都是三维的物体。但是对建筑形式的理解有必要认识到在物质世界里对物体的一丝处理，都不是因为它自身提供了一个积极维度的概念和空间的内在可能性。确实是这样，人类所有占有的空间，一定涉及工程、数学、物理、医药、游戏或艺术。空间想像一定是逐步获得的，在某一阶段人类或文化时期中，它远没有达到一般的基本关系，不是因为发展停留在初期水平，就是因为特别复杂的东西都不会达到很好的目的。在一些情况下，空间意象得到的是由普罗密尼（Borromini）和勒·柯布西耶展示出的令人眼花缭乱的复杂性。

中间区域

让我回到我们开始讨论的关于空间的两种概念。我们说空间作为一种容器优先存在，并且独立于那些在空间中找到自己位置的物质实体。以这种观点来看，物体之间的空间是空的。日常经验在不可入性的物质，如山脉、树干或者建筑物的墙体以及我们可以通过的孔道之间做出了区分。这种区分对于建筑师来说是基础的，因为他经常在两者之中寻求合适的比例。

然而，同时建筑师必须了解第二个概念，这个概念是由物理学家和心理学家给他提出的，即空间是物体间作为一种关系创造出来的。这种关系在知觉经验中存在，尽管走在街上的人可能并不自发地意识到它们。有许多经验方面我们没有明确意识到，却淡化了我们在某些重要方面的察觉，物体之间的视觉关系就属于这种。其实物体之间的空间并不是看起来那么空洞。

以两座建筑物为例，一栋大一栋小，站在两者的正中间，很可能孤立地处理它们，考虑其中的一个而不顾另一个——例如，只讨论其中一个的高度。这就是那种我们支离破碎地对待视觉、功能以及现代社会生活的混乱方式。它源自目光短浅的急功近利，尤其是在人类社会转变为仅仅只是关心自身或小群体利益的社会条件下。在知觉上，这种态度与把连续不断的环境脱离它们的背景而孤立的观看方式相一致。我们很容易看出这种割裂是整体视觉场的自然观看方式的病态扭曲。在更为基本水平上审视社会关系，这种态度的病态人格将会同样明显。社会与知觉一样，如果一个人仅仅从大房子或小房子本身去考虑，那么他就不会了解它们的本质。

未受损伤的视力会把两座建筑物理解为一个图像的元素，其中，渐弱效应从高的房子到低的房子，相反，渐强效应是我们的眼睛从低处向高处望去。当观者的目光从建筑群之间来回扫过的时候，大的建筑物被视为与其他小的建筑物相比较的结果，反之亦然。观看两座建筑物是一种不寻常的动力的经验，在这种经验中，建筑物之间的空间是图像不可分割的部分，非但不空，而且空隙中的空间被梯度所侵占。如果空隙的宽度变化，例如，建筑物彼此更加靠近或相隔更远，梯度的斜度就会相应地变化，建筑物之间的对比也相应地变化。

这看起来似乎是一个悖论，空间有其自身的知觉存在，即使它并没有被建造者明确地建造出来，也没有在物体之间作为构成视觉图像清单的形式呈现出来。但是对视觉感知来讲，包含比在物理刺激式样中给出的更多的内容是非常普通的。在一张纸上四个点的结构可能被视为一个正方形，虽然点与点之间并没有线连接。可能下面的例子可以说服读者，所做出的东西并不一定与所看到的东西相对应。对一个早期的希腊花瓶的装饰来说，黑的图案涂在红的陶器底面上，以后又过来，把背景涂成黑色，留出红色的图案。如果我们在某种程度上简化技术过程，我们可能会说，在红图案的花瓶上，艺术家仅漆了背景而保留了图案。与之相反，建筑师并不是建造了空间而是同时创造了它。

证明空间间隔不是空洞的一个好方法是借助于它们所谓的密度。如果一个人制作两个建筑模型并把它们来回移动，即先把它们放得很近，然后分开，随着建筑物之间的距离增加，人们就会发现间隔看起来更加松散和稀疏。相反，当距离变小时，间隔逐渐变得密集。观者在间隔中体验了知觉上的压缩和扩展。据我所知，这种现象从没有被系统地考察过，它的情况可能很复杂。尽管观察到的密度可能是物体间距离的简单功能，强度的绝对程度却可能依赖于其他的知觉因素，例如，建筑物的大小等。而且，如果有相邻的其他建筑物，它们之间的空间就会影响我们考虑的空间（图8），图中，n 间隔比 o 间隔看上去更小更密集；而当它与 m 相比时，看上去就更大更疏松。

建筑之间的距离也会影响它们相互依存或独立的程度。如果间隔被完全消除，两栋建筑就会倾向于融合，小的建筑就会看起来像是大的建筑的附属品。相反，遥远的距离会使建筑之间的大部分关系消失。空间间隔，建立了一种疏远或亲密关系的特殊比例，它影响着作为一个整体的建筑的复杂性。如果我们把疏远和亲密关系不仅仅看作是度量的距离来考虑，而是从动力角度看它们时，我们会发现它们取决于吸引力和排斥力。看起来"太近"的物体显示出相互排斥：它们希望远离。在一些稍大的距离上，间隔看起来十分恰当或者物体看起来彼此吸引。

当物体跨越空间相互联系时，这些力就会起作用；它们决定了墙上

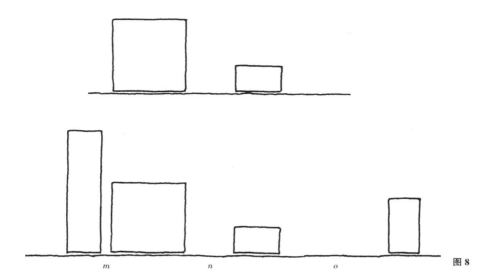

图 8

照片之间的间隔、房间里家具的布置、建筑物之间的适当距离。有某种冲动促使我们去问米兰主教堂（Piazza del Duomo）的洗礼池、教堂和钟楼之间的距离是否合适，如果是的话，为什么呢？如果改变这种距离又会怎样？决定这一答案的判断的知觉方面是由我们的视觉直觉得出的。它们可能依赖于视网膜图像投射出来的特殊刺激群激活人脑场中的压力和张力。最适宜的距离是可以测量的，但是控制这种现象的规律却似乎并不那么简单。

最近几年，尤其是通过爱德华·T·霍尔（Edward T. Hall）的工作，注意力已经转向了人们日常交往的空间距离的心理和社会内涵方面。人们希望当他们相见时有多近或多远取决于他们的个人关系，或者在更普遍的意义上取决于特殊文化背景中的社会习俗。这些"空间关系学"标准也影响了物体间合适距离的选择，例如，家具的放置，它们也会影响人们决定和估计建筑物之间距离的方式。使一观者看起来近得有些压抑的东西可能被另外一观者因感觉具有保护性而受到欢迎，这些个人和社会的态度掩盖并修改了我在这里所谈到的特殊知觉因素。

视觉距离是由它们产生的知觉力的行为来衡量的。由于我们把这些距离定义为吸引力和排斥力的感应力，所以我们努力修改物体间的距离，直到它们看起来更合适。平衡经常适用于力，如果间隔被当作仅仅是死的虚空，那么，除了实际的考虑，就不会有喜欢一种距离而不喜欢另一种距离的标准。我将在以后关于控制建筑的比例论述中阐释相似的观点。

虚空与遗弃

当建筑物之间的距离增加时，间隔的密度减小直到最终完全消失，我们不再感知物体间的任何关系。在这种情况下，人们可以说它们之间的空间是虚空的。知觉虚空的情况可以通过与音乐的类比得到很好的诠释。从物理上说，没有音乐响声的任何时间内都可以说是空寂的。然而，在知觉上，这种间隔的特征却有很大区别。一串弹奏曲的音符像一串珍珠般排列，由于曲调间小的停顿被紧接着的曲子完全吸收了，长一点的停顿被认为是沉静，但仍然被认为是音乐的整体部分。在这种间隔中，前面的曲调获得了节奏力，并由作品结构设定的停顿时间而获得了意义。这些时间间隔可能是完全没有声音，但它们不是虚空的，它们被张力所弥漫。然而，当作品进行到结尾，它的结构完成了，演奏者稍事休息，并且检查他们的乐器，在再次开始演奏之前，虚空就被体验了。

这种与音乐的比较表明，间隔在多大程度上被填充并不简单取决于它的客观长度。视觉上也是如此，当与间隔邻界的两个物体需要相互完善时，间隔就比两个强烈自治、相互独立的形状（图9b）更积极、更密集地被填充（图9a），它遵循知觉虚空可以被描述为一种区域的性质，这种区域的空间性质不是被周围物体所控制。绝对的虚空只有在根本没有物体的情况下才会出现，在黑暗中、海洋里或者在外层空间，没有任何参考定位点，没有吸引力和排斥力，不能确定距离等，都可能引起极度的恐怖。它的社会等价物是一个人感觉完全被遗弃的体验：环境没有他是完善的，没有指向他、需要他、召唤他、回应他的事物。这种外部界定的缺失摧毁了他对自己身份的内部感觉，因为一个人定义他自身的本质，大部分是通过他在人际关系中的地位来实现的。

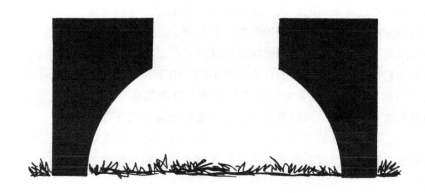

图9a

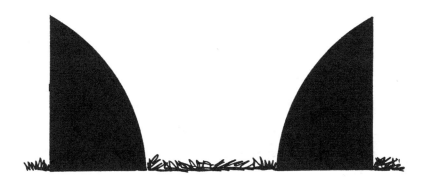

图 9b

当然，一种强烈的个性通过建立一个向周围辐射的自我中心而战胜孤独，这个中心具有一种能使虚空产生活力的强大力量。在这种条件下，由于障碍的缺失甚至可能会创造出令人兴奋的自由感。这是从山顶"俯瞰"世界的一种感受和体验。同样，在广场上矗立的纪念碑可能在周围空间里唤起一个知觉力场，这些知觉力的强度随着与中心距离的增加而减弱。

显然，虚空并不是简单地与物质的缺失相关。什么也不存在的空间却可以被知觉力以及被密度所填充，我们可以称之为视觉物质。相反，一幢高耸的大楼有斑点的墙或者一个大的油画中的同种区域可能被看作是虚空的，尽管建筑师或画家已经在那里放置了一些东西让我们看。虚空的产生是由于周围的形状，例如轮廓，没有在被涉及的表面加上一个结构组织，观者的视线无论固定在哪一点，都发现是在同一个地方，一个地方与下一个地方一样；它会使人觉得缺少空间的坐标，或者缺少确定距离的框架，结果观者有一种被遗弃的感觉。

在刚才我给出的例子里，观者感觉到被遗弃是由于他把自己投放到用视线扫过的地方；他漫无目标地游移在这个无名的茫茫旷野中。当他发现自己到了一个不能在空间中确定方位的地方，这种感觉就会更加强烈，例如，在一个没有形状的城市广场或在一个博物馆的巨大大厅中。他还可能把一个物体看作在其背景中看起来是孤立的，当物体的位置与周围环境没有可供识别的关系时，这可能就会发生。一座雕塑在客厅里、博物馆里或风景中放得不是地方，可能就会使人不知所措。它可能会无目标地漂流，或者它可能显示出去一个不同地方的趋势，在那里它可以期望找到合适的空间并且因此得以停靠。处在米开朗琪罗设计的罗马朱庇特神殿广场（Capitol Square）中心对称位置的马可·奥勒留（Marcus Aurelius）骑马雕像，是一个在极度受限的空间中具有充分稳定感的雕塑的最好实例（图10）。一个现代的实例，由格奥尔格·科尔布

图 10

（Georg Kolbe）创作的雕塑，被密斯·凡·德·罗（Mies van der Rohe）放在他的 1929 年巴塞罗那世界博览会德国展厅中，这在建筑学学生中传得神乎其神，尤其自这座建筑拆除以来。与真人一样大小的裸体雕像矗立在角落里，由于是在矩形板形成的建筑中惟一的一个有机体而显眼，否则它就不会引起游人注意（图 11a）。它伫立于一个小水池的平台上，通过大的内部空间的玻璃幕墙可以看见水池，它以矮墙为背景（图 11b），这个雕塑池可以通过一条狭窄的走廊到达（图 11c），但如果没有雕塑作为视点，这条走廊将会引到无意义的一个虚空角落。通过给予建筑物远角的一个特殊重视，建筑师强调了被强烈限制的整体设计的矩形性，并且强调了与平行于靠近开敞的入口的建筑物长边的大水池和隐藏起来的小水池之间的对角线的一致性，从而标识出建筑的最短边处在远处的一端。

　　像这个例子所表明的那样，不仅仅是背景决定物体的位置，相反，物体也修改了背景的结构。在平台角落里放置的科尔布创作的塑像给出了它周边环境的矩形形状一个古怪的焦点，这与矩形平台的对称形成了对比，结果是不对称创造了一种张力，它必须被作为整体建筑中的力的结构来调整及平衡。

　　我想在这里介绍一下我在真正的日式房屋中的体验，它建在纽约现

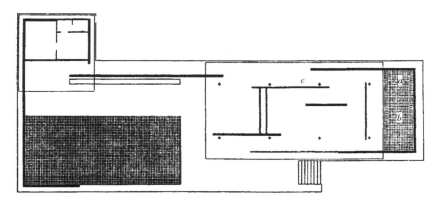

图 11

代艺术博物馆的花园中。房屋被一个自由式外形的池塘所围绕，我欣赏它是因为它看起来是以一种用量度和理性无法定义的方式，在宽阔的水域和被岩石和灌木围绕的风景之间建立起一种固有的复杂空间关系。由于怀疑我的判断，我问自己是否一些任意的改变可能使它看起来效果就不会那么好。然而，一次去房屋的游览中，我注意到有人向池塘里扔了一张向上皱的包装纸，纸像一个白色的补钉一样漂浮在深色的水面上；我不得不承认通过创造一个视觉上新的重影，闯入者使整个图像的动力都重构了，并且破坏了我曾深信不疑的平衡。

仅当视觉物体需要确定的力场在茫茫一片中消失时，虚空和随后的被遗弃感才会产生。当这些确定物存在，但它们合起来不能构成一个结构，因此彼此抵消时，就会产生相似的效果。保罗·朱克（Paul Zucker）给出了两个例子：

纽约的华盛顿广场被建成一个以周围的建筑围成的规则长方形——但是它并不是"封闭性的"广场。因为它的面积很大，它周围的许多结构物的比例十分不均匀，非常不规则，甚至相互矛盾，小的凯旋门的地点和大小都与其他给出的因素十分不成比例，以至于不能产生一种统一的效果，比例失调破坏了产生美的可能性。

另一个破坏伦敦特拉法加广场（Trafalgar Square）美感的因素：如果不是国家美术馆（National Gallery）的巨大正面与邻近的小住宅区以及街道的不规则方向形成对照，并导致这个"广场"抵消了纳尔逊纪念柱（Nelson Column）作为创造空间因素的效果，它就可能发展为"核心"广场，但是事实上，这个圆柱并没有成为空间关系的中心、张力的核心。

人们可以试图用精确的语言描述建筑群令人不安的效果。他可以把由它周围每个物体的大小、面积、位置、方向等产生的力绘制成图。他可以表明它的特殊局部场并不是由它的邻近物体的那些力所支撑的。因而，物体并不与它的邻近物体在一个由它们共同创造并把它们作为有机部分的高级结构中相协调。在以无秩序方式彼此碰撞的力的混乱中产生的定向力障碍，使它不可能确定知觉场中任何物体的位置和空间功能。如果观者本身是那个物体，那么他自己也会觉得被遗弃。这种知觉定向力障碍的主要来源是近年来成为时尚的反光玻璃幕墙，这在不相容的式样中创造了一种超现实主义的矛盾——墙被破坏了，反光表明空间并不存在。

周围空间的动力

朱克的另一项研究表明，视觉域不仅仅在水平面上延伸，也在垂直面上延伸。他认为建筑场景诱导了对其上面天空最高限度的感应。

> 天空最高限度的主观印象是由周围建筑高度和地面的延伸（宽度和长度）的相互作用引起的。它受屋檐和山墙、烟囱和塔的轮廓的影响很大。一般说来，一个封闭的广场上的高度会被想像为广场上最高建筑物高度的 3~4 倍。对于一个被突出的建筑物所统治的广场，想像的广场的高度会更高，但在开放的广场，例如巴黎的协和广场（Place de la Concorde），天空的视觉距离仅仅被模糊地感知。

朱克所称的天空的"最高限度"就是我用动力学术语描述的力的视觉场，这种力是通过高度和体积以及也可能由建筑场景的这个总体地貌（如城市广场）产生的。对现象的动力理解会使我们把"天空的高度"作为来自地面上建筑力场的范围，但它不会超过一定距离，随着距离的增加，力场便消失在空旷的天空中。这种现象在视觉上反映在天际线形状中，一条明显的水平分界线趋向于在建筑物和天空间产生一个突然的中断。这与我们看到的那种一簇簇伸向天空的不规则轮廓线的情况大不相同，塔和城堡逐渐缩小的宽度支持这种相同的视觉观念，这样的建筑是逐渐扩散到天空的。

如果把天际线的形状旋转 90°（图 12），将会发现相似的逐渐向周围空间的扩散不及建筑物垂直边界向周围空间的扩散。这是由将要在下一章讨论的垂直的和水平维度的基本区别造成的，但是这种差别也是力场不能无限扩展时所发生的征兆。这种情况在建筑物之间，建筑结构彼此控制超出部分之间的水平关系中，以及国家间通过武力稳定政治版图边界的方式中都非常普遍。

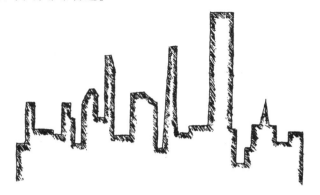

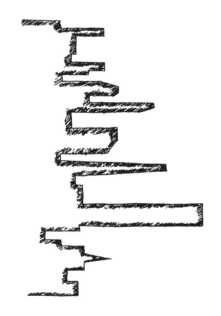

图 12

作为一个例子，我们可以看看与建筑物毗邻的开敞空间的尺度。巴黎圣母院（Notre-Dame de Pairs）前面的前庭最初比现在要小得多，然而，在我看来现在正立面前的巨大空间更适于建筑物。如果空间足够大，就可以使结构尽情展示它的效果；如果空间太狭窄，就会阻止它密集度的稀释。一座具有更为开敞平面的建筑物，例如，它带有从中央伸出的侧厅，就需要更延展的"门前鞋擦垫"（doormat）。

我在此所描述的建筑物周围的力场不应该被简单地看作是观者在观看一座建筑所需的距离，这种观看的适合距离确实存在，我将会在后面涉及到。但是我在此所描述的是以一种不同的方式影响观者的位置，即在"空间关系学"的意义上——由事物和人的本性规定了人们所面对的合适距离。建筑物必须彼此保持一个合适的距离，观者也要遵守这种行为规则，伦勃朗（Rembrandt）曾被报道说："你不许凑近闻我的画。"尽管某个人有很好的理由近看一幅油画或雕塑，但常常显得有点无礼而不太合适。小说家罗伯特·穆齐尔（Robert Musil）曾经用比喻方法回应了空间这个方面的问题："每一个事物或生物，如果它想十分接近另一事物或生物时，都有一个系在它上面的橡皮筋，当它伸展的时候就会被拉紧，否则事物就会以从彼此中通过而结束。在每一个运动中，也有一个让每个事物不能做所有它想做的事的橡皮筋。"

为了正确感知一个物体，它的力场必须被观者所尊重，他必须和物体保持适当的距离。我甚至冒险地提出决定周围力场范围的并不仅是物体的体积和高度，还有它外观的清晰度和丰富性。一个非常清晰的立面可以从近处去看而不至于冒犯。然而，体积和节点的丰富性具有更强的扩张力，因此要求观者退远一点，他可以在建筑的视觉动力驱使下，找到他的合适位置。

只要建筑物的基础与地面相连，视觉不定空间的需要就不适于在它的底部。然而，当它被看作是悬在地面上的块体并停留在柱头、墩顶、拱门或底层架空柱上时，这种附加的维度也要求有一个合适的不定空间。当然，这样的地面空间的特殊尺寸取决于建筑师想要的效果。如果建筑与地面之间的空间间隔较大，建筑物就会像气球一样飘浮，甚至可能失去与其基础的联系；如果这个空间太小，来自建筑物朝向地面的视觉力可能看起来受到约束，占据了一个与建筑物主体相比显得太小的区域。当勒·柯布西耶设计哈佛大学的卡彭特视觉艺术中心（Carpenter Center for the Visual Arts）时，他意识到，除非下面的较大空间把地面上产生的引力分成更多的独立部分，否则在二层的巨大弧线形的北工作室的水平凸出部分将大大失去向外的推力。由于这个原因，在工作室下面挖了一个本质上非实用的凹洞，把它置于相对修长的底层架空柱之上，因此获得了必要的动力自由（图13）。

前面的例子越来越清晰地表明，在知觉体验中，建筑物和相似结构周围的空间不能被认为是空洞的。相反，这些空间由建筑结构产生的视

图 13
卡彭特视觉艺术中心（照片由哈佛新闻办提供）

觉力所充满，并由产生物的大小和形状决定它们的特性。视觉力不是孤立的矢量，而且必须被理解为周围建筑物知觉场的组成部分，并且它们在内部空间也很活跃。在建筑师中，保罗·波托盖希（Paolo Portoghesi）明确承认这些知觉场的重要性。自从知觉场和社会场的概念被从物理学中引用后，波特菲斯就开始用阿尔伯特·爱因斯坦（Albert Einstein）学说的精确性来讨论这一问题："我们说当能量集结强时，就是物质；当能量集结弱时，就是场。但在那种情况下物质和场不同，与其说是质上的不同，不如说是量上的不同。"波托盖希把建筑物当作空中的岛屿，并且非常关注最直接显示出动力场的那些形状，即关注同心圆的式样，像把一块石头扔进水池时水面看起来的那样（图14）。就像在流体动力

学中的对应物那样，建筑的视觉力场从中心扩展并把它的波传播到周围
的环境中，远至力所允许的地方。波托盖希写道：

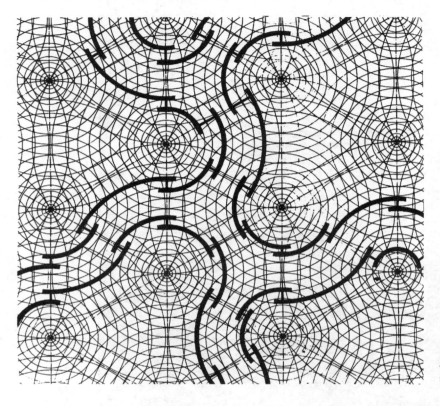

图 14
保罗·波托盖
希绘制

　　通过强调除建筑物体之外生成的场，人们会再一次提出空间问
题，但却是在一个不同概念的不同条件下提出的。在传统的评论中
空间是一种同质结构，一种墙壁封闭的反形式。对于建筑物而言，
它对照明条件及其位置漠不关心。而场的概念却是强调围绕建筑结
构那些东西的持续变化。

　　圆形建筑物向周围环境扩散，相反，而凹面墙则是"朝向城市空间
敞开的建筑"。在后一种情况下，生成场的中心位于建筑结构之外，通
过对它扩张的屈从而承认场的存在。这些评论与我所知的并将在以后谈
到的在其他知觉情况下的凹陷和凸出的动力效果十分相符。在这需要补
充的是，尽管圆形场最容易辨认和描述，但是一种建筑空间场的理论必
须在更普遍的意义上承认任何形状的建筑都在它们自己周围生成了力
场，这种场的特殊结构在各种情况下都取决于生成结构的形式。

第二章 垂直与水平

在前一章里，我竭力表明空间是由存在于其中的物体创造并构成的。这意味着建筑群体和它们之间距离以及它们的形状、边界和轴线共同构成了人们内部和外部的寓所。然而，同时我们必须记住，作为一个客观存在结构的自然而明显的空间概念并不仅仅是知觉的虚构，而是由重要的物质事实所支撑的事实，在它们之中是太阳、月亮及天气条件的作用，甚至这些物体和力都可以被描述为决定我们经验的特定空间结构框架的特殊构成的组成部分。当日本人建造家园时，建造了朝着南面看得见月亮的阳台，月亮、房子和花园里倒映物体的池塘几乎是清晰地统一于一个特定局部的构造，而这些和谐因素比前面讨论过的局部关系走得更远。它们把我们的空间环境控制为一个整体达到这样一种程度，以至于我们把它们视为空间的客观属性本身几乎都不会受到诘难。下面讨论的重力影响尤其是这样。

不对称的空间

人类体验生活在不对称的空间里，沿着他在理论上可以移动的三维空间的众多方向中，被重力吸引的方向很突出：垂直。垂直充当了所有其他方向参照的轴线和框架。

感知到空间不对称是由于人们的感官局限性造成的。如果我们有较强的识别力，我们将会注意到在不同的位置上的垂直面并不是平行的，而是朝着一个共同的中心聚合，即地球的中心。像圣埃克苏佩里（St. Exupéry）描述的小行星上的小王子喜欢的那样从更全面的视野去看，我们将会把任何特定的垂直都看作是车轮的辐条、看作是中心对称系统的一个单独、不能区分的组成部分。

这就是相对大小的问题。如果一个球形物体与人本身在大小上相比足够小或者它太远而显得足够小，那么感觉体验的褊狭就不会起作用，因为这个系统可以被看作一个整体。在宇航员返回地球的途中，当行星的球形表面变为地球上有生命的地面时，有一个过渡期，这不仅仅是（地球）曲面逐渐变为平直。它也意味着曾经只是固体外观的表面，反而变成了参照的基础。像音乐中的基调或主调一样，地面现在充当度量所有垂直距离的零度水平面，这些距离向上时被感知为高度，向下时被感知为深度。在向地面掘进时，人们会觉得不是朝着系统的中心，而是远离基础。

在几何学上，向上和向下并没有什么不同，但在物理上或知觉上这种不同却是基础的。任何一个爬树、爬梯子、爬楼梯的人都会感觉他在努力克服一个相反的力，就是其身体的重量。因此，攀登的满足感存在于为达到一个更高的目标而征服自己固有的重量——不可避免地被赋予一种象征意义。攀登是一种解放的英雄行为；高度自然而然地象征着高价值的东西，无论是世俗力量还是精神价值。用电梯、气球或飞机来提升就是在经验从重量中解放、升华、获得超人的能力。另外，从地面上升高也是接近光和纵览的王国。因此，消极克服重力的同时获得启蒙和畅通无阻展望的积极成就。另一方面，向地面下掘进意味着进入实体而不是放弃它；它意味着从日常表面存在的"零度水平面"出发，直到地球的坚实度，那里物质丰富，但是没有解决中间空间问题，穿过它就必须钻孔。挖掘是为了探测所有生命赖以栖息和生长的基础。挖掘创造了进入黑暗王国的一个入口，因此，它象征性地代表着深入，也就是超越表面的探索，而上升意味着启蒙，掘进则是使黑暗处有光的照耀。

由于亚当（Adam）的儿子们修建"通天塔"（Tower of Babel），"它的顶部可直达天堂"，于是所有建筑分担了他们所犯的狂妄或侵犯的卤莽罪过。它象征物质王国侵入虚空王国，人类行为基础的上升超过了约定俗成的安全线。它增加了必须保持在地平面的荷载，而在高度上，使人和他的作品成为暴露于开阔空间中的活跃因素。为了攀比高度的荣誉需要，那种中世纪意大利小镇的贵族家庭建造高塔的相互竞争依然存在，例如，最近波士顿两家保险公司之间的竞争是看谁能建造最高的建筑物。这些插曲显示了这种价值自然归因于视觉高度的纯粹象征品质，归因于都市风景中形成最高峰的尊贵。就像 16 世纪意大利作家，洛多维科·多尔切（Lodovico Dolce）评论的那样，钟塔是用来打钟的，"但是，在某种方式上它们使虚无变得重要，就像习语所谓的'空中楼阁'"。

几何学上，笛卡儿空间体系的三维坐标在特点和重要性上都是相同

的。然而，我们地球的空间充满着重力的
吸引，它把垂直定为标准方向。其他的空
间方位是根据它与垂直的关系而被理解
的。由于物理上的倾斜，比萨斜塔在视觉
上偏离了由周围建筑物以及观者自身的
平衡的肌肉运动知觉所建立的视觉标准。固
有的垂直标准并不容易被抛弃，它使始终
如一的视觉环境发生倾斜，误使人认为他
身体的拉力是朝着一个倾斜的方向。在美
国一些公路旁边，常常有一些"神秘的"
房子，通过这种广告效应，邻近山区的矿
产中心把观光者吸引过去。实际上，小房

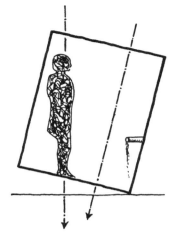

图15

子建在斜坡上——是通过技巧性的景观隐藏了观光者眼睛后面的事实
（图15）。内部的墙体、顶棚和地面都被认为是绝对的垂直和水平，但
是水从倾斜的角度流入喷头，观者自身觉得无法抗拒地站在斜面上，不
能直立，除非他闭上眼睛想像他是垂直的。多伦多约克大学有一座以倾
斜板形式建造的艺术建筑，内部的一些墙体也相应是倾斜的，尽管非常
幸运，地面是水平的，但实际上支撑建筑物内部的垂直支柱看起来像是
对角线，所以使观者不知所措。

适应直立的视觉

在我们的空间体系中，垂直方向把水平面定义为垂直服务于对称轴
的惟一事物。在水平面上，人们可以以任何方向自由移动而没有上升或
下降的感觉。因此沿着地平面没有任何方向在空间上有所不同。基督教
徒诺伯格-舒尔茨（Norberg-Schulz）曾写道："水平方向代表着人类行
为的具体世界，在某种意义上，所有水平方向都是平等的并且形成了无
限延伸的一个平面。因此，人类存在的空间最简单模式是被垂直轴线穿
过的水平面（图16）"。弗兰克·劳埃德·赖特（Frank Lloyd Wright）
曾把电气化交通称作是为美国人开启了在地面上的无限自由。

存在在本质上被定义为垂直状态是从空间的不对称性中得出的，不
管是通过植物的有机生长，还是山体向上的推力，或者是与人类有关的
建筑，形成存在意味着把自己从地球上分离出来。在日常视觉体验中，
一个物体或者生物通过上升到地面之上而出现，垂直轴线是它形状的特

殊特征的一个方面。在这个轴线的中心主干周围，大量事物都倾向于对称地安排其自身，这与在水平面上所有方向都是一样的事实相符。在后面会更多地涉及对称，但是现在我们应该注意，除非介入的力改变了这种简单的平衡状态，否则物质就会对称地聚合在垂直轴线周围。在所有方向延伸增长的树干年轮是重力空间中的典型形状，我们可以说，对于任何特定形状需要解释的不是它的对称性而是它的不对称性。

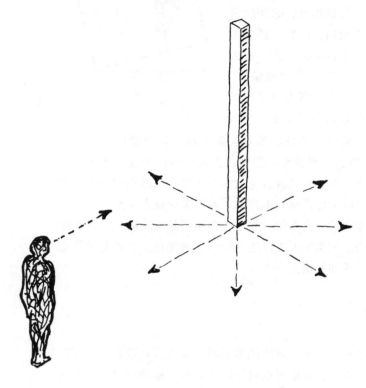

图 16

根据加斯东·巴什拉尔（Gaston Bachelard）的解释，我们关于建筑的图像是以两个量为特征的：我们把它理解为垂直的或集中的。这种评论有助于解释乔治·莫兰迪（Giorgio Morandi）像管风琴管或像桌子上静物中的瓶子（图 17）那样安排垂直物体的特殊性质。直立的物体之间的关系被理解为平行关系；我们并不像当我们在一个单独物体之中理解的关系那样在它们之间建立直接的交叉接合。一座大楼的一排排窗户或脸上的两只眼睛是直接在水平位置被观看的，不同物体之间的关系只有到了它们可以合并成一个单独单位的程度时才是真实的，例如，当一排街道上的建筑物被看作是连续的墙体或当一个山城小镇坐落在顶部的时候，情况也是如此。

图 17
乔治·莫兰迪
模仿的一幅绘
画

这并不是说在直立物体的布置中我们不能看到交叉接合。然而，在一个明显的垂直形状中，我们在垂直秩序中首先看到水平因素的位置。只有在那种情境下，才可以与相邻物体中的相似细节作比较。例如，当在两个相邻物体中的细节被客观的设定在同一高度，如果它们在每个物体的垂直式样中占据不同位置，它们的情况就不能被恰如其分地理解（图 18）。实际上，在结构完全不同的元素中这样的交叉接合可能在相邻建筑物之间的视觉关系中产生令人烦扰的惊奇。

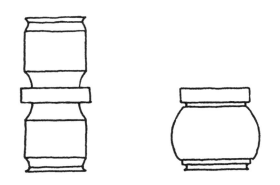

图 18

在这种接合中，比较对称物体的外观，例如，小提琴，当它先被垂直放置，然后水平放置（图 19）。我们从日常经验中知道，对称在直立的位置比在倾斜位置更容易被观察到。垂直形状与空间的主轴线一致，所有对称式样的因素都在适当关系中被看到。但当这个乐器侧面平放时，我们一开始会反应出由中间的两侧凹陷暗示出的大致垂直对称。主要的对称是被推断出来的而不是真正察觉到的，除非人们能够成功地把这个物体看作仿佛它的轴线被旋转了 90°。同样，像在前一章讲过的，类似于人们把天际线朝它侧面旋转（图 12），人们会看见水平层次的组合，而这并不是回应观者的自然意图——沿着垂直方向把它统一起来。只要人们把类似于木栅栏的天际线看作是独立完整的水平向的，而不是并列的垂直物体时，从侧面边界伸出的形状中的不规则关系就会让位于可接受的一般关系。

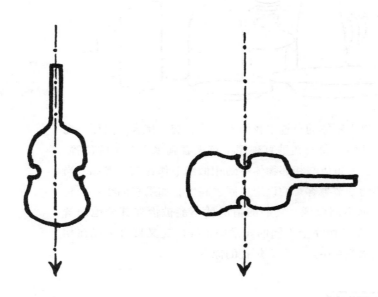

图 19

　　大部分建筑物的特征——楼层的分层在本质上违反我们纵向的视觉主轴线。高大建筑的水平分层不利于这种把它们在垂直方向结合成一体的自然视觉趋势。这种效果经常被拱壁、圆柱、垂直排成的窗户以及其他垂直形状所抵消，它们与一层层的建筑相互作用。在建筑内部，楼梯和弯道可以实现相同的作用。

　　较为基本的解决方法在于强调水平方向为建筑的主要维度。当这样做时，楼层会沿着作为一个整体被低悬结构规定的方向延伸并与垂直结合为一体，尽管垂直不可缺少地经常处于从属地位，但是在水平面的简单运动却成为整个建筑物的主要特征。地平面的自由延伸在每层都被重复，这种建筑符合弗兰克·劳埃德·赖特所谓的"人类生活的地平线（和谐线）"。在赖特设计的很多单元住宅里，这种水平性质统治了外部，并通过在室内缺乏分割而得到加强。居住空间的水平风格促进了交互作用，从一地到另一地的自由运动，易于行走，而垂直方向的居住空间强调了等级、分离、雄心和竞争（当然，其他因素可能会凌驾于这个纯粹的空间事物之上，例如，在宫殿中，水平的布局可以用作代表等级）。

穿透地面

垂直建筑的主要轴线普遍地以直角与地面汇合，因为线性形状都有持续的视觉动力特征，除非它们被停止，否则这样的建筑物倾向于看上去像是伸入地面。这种视觉效果支持了像植物一样从土里生长出来的建筑物的生物比喻。在这种关联中，诺伯格-舒尔茨认为，闪族人第一个固定性的小屋是通过把灯心草弄弯而不是把它们连根拔起而修建的。然而，如果我们把建筑物的外形与植物的外形作比较，我们会发现一个明显的不同：植物以地球的自然产物形式而出现，一棵树干并不是竖立在基础上面而是从地里生长出来的。严格地说，树木的外观在视觉上是不完整的，因为植物在地表之下还有根系作为它的基础。对建筑来说，相似的外观被看作是从地下结构中长出来的也是合适的，即是不完整的。当然，通常来说是没有这种意图的，建筑物是以在与地面联结并且与之分离之间的一些比例为目标的。

为什么比萨的基督教洗礼池看起来像是芦笋的顶部一样从地里发芽的呢？（图20）我认为，部分是因为它使我们想起了我们习惯于把建筑看作是有顶的。但是这种猜想并不是这种效果的全部理由，建筑物形状自身的某些方面也在起作用。我刚才谈到，对眼睛来说，如果它们不被停止的话，线性指向的形状趋向于持续，那么为什么在洗礼池四周伸展的水平面没有被建筑物的地面切断呢？毕竟，对两种这样形状的相遇有两种可能的解决方法：或者地面被看作在建筑物之下的部分没有被中断、是连续的，或者建筑物被看作穿透了地面。当其中一种形状（图21a）看起来不完整，并且这种不完整朝着完整产生了充分强大的趋势时，穿透就产生了。在这种情况下，形状a将会利用对视觉延伸的任何可利用的空间，并被看作穿过接触面穿透了形状b。当形状看起来完整时，穿透被阻止（图21c）。在图21d中的固体——圆柱、锥形、圆锥等所显示的——在这方面都是模糊的：它们既可以看起来完整，又可以看起来不完整，这取决于背景。

这就是为什么古典柱子都有基础和柱头的一个视觉原因。这些末端元素阻止了柱子向上或向下的更远处延伸。然而，就像在图22中所看到的那样，如果它们被理解为从属于柱子而不是地面，这种缓冲就会起

图 20
比萨洗礼池

作用。在另一头也是一样：柱头必须被看作柱子的一部分，而不是楣梁，就像勒·柯布西耶的底层架空柱那样。现代圆柱是纯粹的圆筒，视觉上直接插入地面和顶棚，因为它们既不表明由它们的形状实现又不由缓冲提供。在某种条件下，这种作用可能会适用于建筑者的目的；他可能想要支柱看起来像是通过建筑上升，不被它们穿过的层面所妨碍。

　　回顾一下比萨洗礼池，我们发现在底层只有一些微弱的成分组成了建筑和地面之间的分界线。四扇敞开的相对较小的门，就像半柱支撑的拱廊的小基础一样。作为一个整体，底层就像箭杆一样宣告了没有在地平面停止的意图。另外，圆柱状的建筑物显示了一个确定的中心，这一中心可能主要是由于在 14 世纪添加的哥特式装饰而形成的。这种中心的体积在底

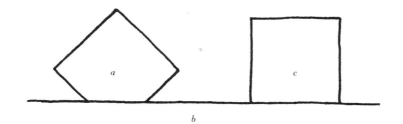

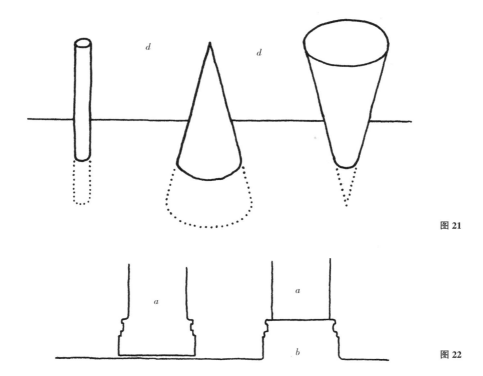

图 21

图 22

层和圆屋顶之间建立了一种对称，这种对称要求底层用充分的平衡力平衡
实质的圆顶——一种只有被巨大的体积所满足的要求，例如，通过在底层
增加高度。这种在地下增加高度是潜在可行的，因为这个原因，建筑物看
起来延伸到了地面以下。人们只需要看一眼布拉曼特（Bramante）设计的
位于罗马的蒙托利欧（Montorio）圣彼得修道院（San Pietro）的小教堂
（Tempietto）就会发现不同：那里走廊的柱带强调了中心，圆顶被矗立在
台阶基础上的底层列柱廊的高大圆柱充分地平衡了（图23）。

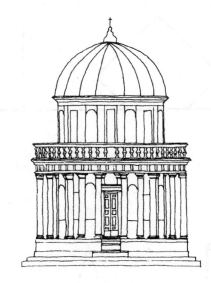

图 23

如果我对比萨洗礼池的分析是正确的，那么它也表现出地面的穿透对一个建筑物的设计作用。总的比例和重量的分配被地面上的建筑物是否被看作完整的或不完整所影响，任何在这方面的模糊都会造成建筑问题。

就像赖特那样，当建筑师坚持建筑物"从属于地面"时，问题就会出现。当建筑物看起来在土里扎了根时，就很有效地获得了这种从属关系。当然，在物理上，大多数建筑物事实上是通过它们的基础、地下室等这样扎根的。然而，在视觉上，设计的平衡仅仅是处理眼睛看得到的东西。因此，建筑物的形状必须表明它的完整性，在这里，建筑师要面对同时满足两个部分冲突要求的任务——必须不失去与地面的联系。

大多数建筑物都被直墙所限制，由于这个原因，就要面对在图 21 中显示出的问题。它们是模糊的，因为一方面，一个圆筒、立方体，或锥形看起来是充分完整的立在地面上的；另一方面，除非有某物体阻碍，否则它的直墙倾向于延伸至地面以下。尽管后者的效果经常不是所需要的，但是建筑物的形状像球形或像以尖端着地的金字塔形显示建筑物看上去没有被充分锚定时，这种作用也是同样明显的，它否定重力的吸引并且看起来像是等待起飞。

水平状态

当建筑物底层被非常清楚地作为基础看待时，比萨洗礼池所阐明的困难就可以被避免。例如，一些哥特式教堂明显垂直的正面，底层通过大的、显眼的、突出的入口把建筑物上部主要部分分开。这就给出了表达与地面独立的足够水平性质。对于主要沿着水平方向延伸的建筑物来说，相反的问题就会出现。这里，"从属于地面"不是通过在垂直角度的穿透，而是通过创造了简单和谐的平行而实现的。建筑物紧贴地面并且非常容易地进入景物中。同时，它像船一样无根，倾向于在地表上漂浮，因为平行没有交点。因为这种建筑的形状从下面切去了重力向下拉的垂直维度，接触更加微弱，建筑物几乎没有重量；它并不向下压。

显然，水平建筑物，像赖特设计的一些篷盖的房子，给人一种躺在地上的印象，像一只横卧的动物。虽然大多数建筑物矗立着，甚至当总宽度超过总高度时，这种效果仍然可以获得。文艺复兴时期的建筑物提供了很多高明的解决方法，例如，一个对称的正面强烈地支持了垂直方向，因为它创造了一个中心轴。甚至这条轴线没有很清晰地表现出来，它可能由阳台上面的一个中心入口指示出来，就像在法尔内赛宫（Palazzo Farnese）里那样，窗户和门倾向于垂直的长方形，它们中的任何一个都是整个建筑物水平方向的一个相对点；当窗户间的间隙较大时，水平方向的连贯性就被削弱了。有时塔会增加垂直性，就像米开朗琪罗设计的罗马朱庇特神殿之上的赛那多蕾宫（Palazzo del Senatore）的上部和威尼斯宫（Palazzo Venezia）的上部那样。

在文艺复兴早期的建筑中有一种特别完美的感觉，它的正面接近于正方形的比例，或者说正方形的等价物更适合重力空间的不对称性（对视觉来说，垂直延伸不仅仅包括水平方向，因此垂直正方形的宽度必须稍大于高度，这样四边看起来才相等）。当窗户、门、圆柱等的接合共同实现了这种效果，这种建筑物看起来在自足完整和适当地依赖支撑地面之间达到了一种令人愉快的平衡。然而，不言而喻，没有对所有人都有效的最好的解决办法。在上升与静止、轻与重、独立与依赖之间的比例恰恰位于生活是什么和应该是什么的人类感觉的核心之上，并且同样它也是风格的主要变化。

在更为普通的感觉上，垂直和水平延伸之间的关系不仅决定了墙的特定形状，而且也在知觉上确定了它实际上是墙。每一个视觉物体都作为视觉力的结构而出现。这种结构就是视觉物体，因此，就二维延展而言，我们所称的墙就是当适当的刺激物映入眼帘时而在我们的神经系统中引起的垂直和水平状态的特殊的相互作用。对墙面没有感觉的问题在以前曾被偶然注意过并且受到了质疑，在18世纪，马克-安托万·洛吉耶（Marc-Antoine Laugier）认为在建筑的要素中，墙不应该包括在内，因为需要它们去支撑顶棚和地面，也因为居民需要保护性的庇护所，所以它们才被附加上去。但是"由于相信静止力的准确表达，（洛吉耶）认为墙没有美的价值和逻辑推断，因为本质上墙倾向于隐藏或者至少使这些力模糊［沃尔夫冈·赫尔曼（Wolfgang Herrmann）］"。在我们这个时代，保罗·波托盖希曾论述道："墙可以是嵌入的面、固体的'面'，但当它在建筑中起作用时，它当然必须呈现一个方向、一个方位：它必须成为定义明确的关系式样中的一个组成部分"。

通过观看缺乏水平和垂直接合的清晰框架的大而空的墙，人们可以证实这种要求的正当性。它们看起来十分脆弱，因为需要建立起牢固的知觉力太弱。如果没有这种牢固性，墙就不能履行它明显的动力作用——作为堵住我们通路的障碍。作为观者前进的一个障碍，墙在三维空间里表现出它的特征，但是只有当它的二维首先牢固地建立起来，才可以这样。

重力和高度

重力空间的不对称不仅影响建筑物的方向轴，也影响我们感知地面适当距离的方式。运动到不同高度的物体改变视觉重力，在建筑物不同部分的重力关系取决于它们的高度，因此，除非把高度算在内，否则建筑设计的任何元素的构成位置和功能都不能被充分描述。

三个不同因素支配了这种现象：距离、荷载和潜在能量。

（1）在物理上，重力随着与吸引中心的距离的增加而逐渐消失，也就是说，物体失重。在知觉上，人们不能说随着距离增加而重力减少。事实上，我们会看到这种情况的反面。然而，在更高处，物体看起来更少遭受来自下面的引力。一个高耸建筑物的上部看起来就像是它们脱离了束缚。

这个现象之所以出现是因为地球并不是吸引的惟一中心：视觉场中的每一个物体组成它自身的一个小的重力中心。由于依赖它的视觉重力，它就会或多或少地吸引环境中的物体，正如我在后面阐述的那样——也在产生方向的矢量中。这种结果是产生非常复杂的重力系统，每个系统都作为其自身场的中心而运行，强的系统压制较弱的系统。这些吸引中心中最强的当然位于地面上并产生了在整个建筑物之上需要承受的重力。随着离地面距离增加，较弱的重量中心在力量上和独立性上将会增加。因此，高耸建筑物的上部可能作为它们自身的建筑中心而显示出明显的自由；它们看上去不再仅仅是局限于地面上结构的顶端。它们向下压的力比它们物理上所用的力更小，因此它们看起来更巍峨、更容易支撑（顺便提一下，没有原因假设物理学家或工程师根据与中心的距离的增加而减少重力的公式与相应的知觉效果精确的一致）。我们对视觉力的经验所知甚少，它可能是我们体内肌肉运动知觉直接遗留下来的；可能是由组织进入视觉刺激物的大脑场中的生理不对称；也可能我们把所有被理解的物体归因于我们观察到的不受地球束缚的事物行为，例如，鸟、飞机、云以及傲然独立的太阳和月亮等造成的。

　　（2）视觉主体的重力也可能被在一座建筑物内的荷载分布所影响。在物理上，底层是图腾柱上的矮人，承担最大的荷载。随着高度的增加，荷载会减少。这种物质不对称的视觉效果使建筑物高层看起来比底层更轻——建筑师可以接受的、通过对高层增加视觉重力可以抵消或可能强调或加强的一个构成因素。在设计英格兰诺斯韦克公园医院（Northwick Park Hospital）时，建筑师卢埃林·戴维斯（Llewelyn Davies）和约翰·威克斯（John Weeks）根据需承受的物理荷载决定了每一层垂直结构的数量（图24）。他们可能想让这种设计成为重力物质分配的视觉反应。然而，在这里又一次要提到没有物理公式自动地对视觉效果做出反应的保证，即荷载看起来就是它"是"的方式。

图 24

　　（3）到目前为止，探讨过的两个因素都倾向于随着高度的增加而减轻视觉荷载。第三个因素却相反。在物理上，上升增加了物体的潜在能量。这似乎由于视觉重力的增加而被知觉。在带框的油画中，它看起来比建筑物与地面的联系更少，从某种程度来说，雕塑也是如此。人们发现，组成部分越高，它的视觉重力就越大。在一幅画里，同一黑色四方形，在上部区域看起来比在画的底部更重。

　　在建筑中，这三个要素是同时起作用的，最终结果取决于个体条件的复杂结构。例如，一扇圆花窗，看起来相对较轻，因为它从地面获得独立以及圆形的强烈自治使它与重力基础的联系松散了，它也会看起来比放在较低处时承担了较少的荷载（在这里我没有考虑由于光学投射的原因，当在一段距离以外观看时，窗户会看起来更小——减少视觉重力的又一因素）。另一方面，因为它的位置较高，窗户可能从视觉上有更多的潜在能量，因此看上去很重，这些不同因素的累积效果被视觉直觉所测量。建筑师必须决定他想让其建筑承载多少重力以及他想把重力放在哪里，这就是风格的实质。

圆柱的动力

建筑要素的位置不仅影响它的视觉重力，而且也影响建筑设计周围环境特征所产生的吸引力和排斥力。我现在将要着重讨论动力效果，暂时把我自身局限在沿着垂直的向上或向下的方向中。大体上，所有这样视觉方向的效果都是模糊的：它们被两种方式解读，这意味着在目前这种情况下既是向上的也是向下的。画在纸上的一条简单直线，只要直线不在任何一端被锚固，运动就会沿着两个方向延伸。但是，与身体相连的手臂或与树干相连的树枝被看作是由它们的基础产生并朝着末端运动。逆动力方向看手臂，即从手指尖一直到肩膀，人们不得不违反自然本性来解读这种运动。

同样，建筑的动力也在两个方向上起作用。向上的运动受偏爱，因为建筑物固定在地面上并且顶部有一个自由端。但在相反方向也有强烈的诱因，成为整座建筑显著的视觉重力朝着重力中心向下压。这种相互作用在建筑物组成部分之间会重复其本身，合成为一个复杂的动力情境。我将通过建筑最简单的一个要素——圆柱，对此进行一些阐释。我选择这个特例的一个原因，是因为它被特奥多尔·利普斯（Theodor Lipps）用作于他的主要例证，在早期理论家中，只有他承认和系统描述过视知觉动力，他在 1897 年的关于空间和几何视幻觉的美学书的第一部分中明确表达了这种论述。

由于圆柱本质上是一个线性物体，遍及它的动力矢量大部分沿着它的垂线在向上和向下两个方向上延展。这种相互作用的特性在各种情况下都取决于圆柱本身的形状和比例以及周围的建筑因素。一个明显的决定因素是圆柱高度与建筑物其他维度的关系。短圆柱是相对的被动接受者，上面受到屋顶荷载的压力，下面受到基础的抵抗以及向上的推力。这种圆柱似乎被挤在两个主要力中间。就这一点而论，它们不是被察觉为石质的静止圆筒，而是被感知为来自上面和下面的对抗力的导体。

长圆柱有足够的视觉力来建立它们自身的中心。矢量从中心向两个方向溢出，托起沉重顶棚向下的压力以及抑制基础向上涌起的力。这种对强大力的积极挑战赋予了高圆柱自由、得意以及超越压迫者的胜利感觉。

　　所有视觉维度都是相对的，圆柱高度的动力效果取决于高度和厚度之间的关系。厚度增加了视觉体积，因此增加了圆柱的重力，但它也渐弱了垂线性，因此减少了在两个方向上的动力效果。圆柱越粗，就越不灵活。在一个较开阔的背景中，一排圆柱的长度强烈支配着这种效果，因为尽管单个圆柱可能自身较细，但它被看作整个柱廊框架的一部分时，通常宽度大于高度。在帕提农神庙（Parthenon）正面的前排圆柱形成了大约 3∶1 的水平长方形，削减了巨大垂直的冲击力。出于同样原因，前面 8 个圆柱比侧面 17 个有更多的垂直性。

　　动力效果不仅取决于比例而且取决于形状。我已经指出现代建筑的严格圆柱状的底层架空柱，由于其动力毫无例外的依赖于垂直的延伸以及长度与周长之间的关系，它们形状的中立性质使它们强烈地依赖于上面或下面作用于它们的力。与此同时，与顶棚和地面遭遇的动力通过这些笔直形状的因素穿透与它们的接触面而极大地绕过了对抗，从而被弱化了。

　　在传统圆柱中，就像我前面指出的那样，基础和柱头阻止垂直运动在视觉外观上持续超过与地面和顶棚的接触面。但是这些缓冲也可以作为动力的相互作用的障碍，就像当这些元素非常重并与圆柱的轴线突然分离时可以看到的那样。通过观察在波斯波利斯（Persepolis）的薛西斯（Xerxes）的百柱厅（Hall of Hundred Columns），人们会发现底部和顶部的巨大的鼓形以及柱头的进一步变化，把圆柱与它们的环境彻底分开了（图25）。希腊和罗马的圆柱由于为接触面保留粗暴的中断而避免了这种效果。而底部，尤其是柱头通过在多立克式（Doric style）里最紧密形状的柱身中顺利生长，分散到科林斯式（Corinthian）的分支式样中，在爱奥尼式（Ionian）撞击之后向回卷曲。

　　古典圆柱在底部是最宽的，因此建立了朝着顶部逐渐变小的重力中心。这种形状创造出与地面的很强的联系并且偏爱朝着相对更加自由的末端上升。在相反的例子中，当

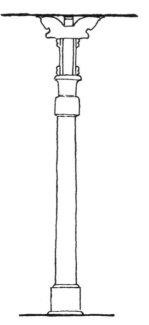

图25

柱身在顶部最宽朝着底部逐渐变小，动力就可能被看作是朝下的。当这种圆柱承载巨大视觉重力，被看作通过圆柱朝着地面向下压时，上述论述尤其正确。然而，就像我前面指出的那样，应该记住所有动力都可以在两个方向上被感知，如果向下逐渐变小的圆柱被反向看作从地面基础向上升，它可能看上去在底部更轻并且随着升高重力增加。在克里特（Crete）岛上的克诺索斯皇宫（Palace of Knossos）的米诺斯（Minoan）柱（图26）或在现代建筑中，例如，勒·柯布西耶在马赛（Marseilles）设计的公寓大楼（Unité d'Habitation）以及奈尔维设计的建筑物中可以找到例子。在这种建筑物中，支撑被看作是指向下面的，就像从它们承载的主体中长出的腿一样，它们反抗圆柱和地面之间的正常牢固连接。

　　然而，使圆柱有活力的动力并不完全来自于它的末端，由圆柱自身建立的重力中心常常通过膨胀而清晰地表达出来。被称为花蕾和花冠的圆柱就是例子，它是在埃及建筑中由于模仿纸莎草的茎而得名的（图27）。膨胀是在圆柱中心之下最明显地显现出来，因此它强调了向上的运动。古典凸肚曲线的柱式也是这样，它大约距离基础三分之一处与中心线相离最远。

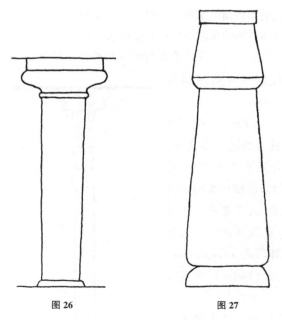

图26　　　　　　　　　图27

　　凸肚曲线代表一个特例，因为弧度仅仅由它的效果，而不是作为轮廓清晰的几何特征被察觉的，这就是所谓的建筑优雅特征之一，通常被解释为垂直凹陷和水平下陷外观的视觉矫正。如果有对这些心理效应的任何可信的实验证明，我就不会遇到这个问题，但这并不意味着解释是错误的。然而，这些轻微弧度的一个主要作用很可能是减轻直线的僵化，直线最不适于表达视觉动力行为。如果是这样，由膨胀而产生的动力就不仅仅为了重构垂直而补偿视觉幻觉，而是创造了其自身的视觉表现。为了保持动力效果的模糊性，那种表现可以基本上是积极或者是消极的。根据利普斯的论述，希腊圆柱延伸，"就像它被抑制或被其自身的重力或荷载向下压"。同样，建筑师理查德·诺伊特拉（Richard Neutra）推测希腊圆柱"在它们柱身的下部表明显著的膨胀用来指示在负荷之下的像弹性压缩的可视能量一样的一些东西。"这种作用可能是纯粹消极观点之一。用积极的术语来说，膨胀可以比作肌肉的肿胀，它帮助创造一个能量中心，从其中产生向上或向下的力。

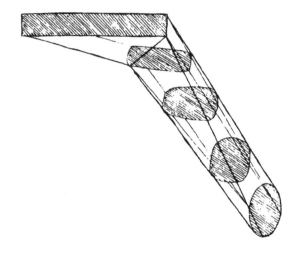

图 28

　　形状的任何变化都产生动力。这种变化可能是增加或减少逐渐变细的圆柱周长的简单变化率，或是膨胀中涉及方向变化的弧度。逐渐变化效应的最具想像力的实证来自 P·L·奈尔维设计中的支撑。例如，在巴黎的联合国教科文组织大厦的底层，奈尔维设计的底层架空柱在基础上开始呈现为椭圆形状，它的主轴线与建筑物主轴线平行；随着墩柱升高，轴线逐渐地朝向与第一个形成直角转变（图 28），同时，椭圆的最初圆形变为拉长的长方形。这些转化把非原始的视觉重力加在墩柱的整体变化率上，随着墩柱朝着建筑主体上升，它们周长也在增长。以另一种方式看，从建筑物向下看，像站在地上的腿一样。墩柱并不垂直，而是朝着内部倾斜并形成了成对对称，其中每一对代表一个基础，底部宽，随着升高而逐渐变窄（图29）。这样，奈尔维在独自形状的渐强和每一对从地面上升的底层架空柱渐弱之间完成了对位法。只有根据它们的动力描述这种式样，人们才能公平对待它们表现的丰富性。

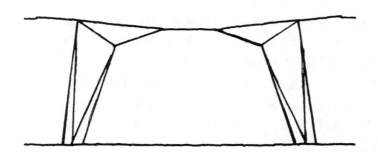

图 29

平面和剖面

地球空间的不对称性也影响绘图员在二维图画中再现建筑物的不同方法。我们在这里比较一个平面图，它是一张水平地图，带有垂直剖开建筑的一个剖面图。我们立刻遇到一个有趣的矛盾，作为视觉图像，建筑物在垂直方向上把自身展示给我们。想像一下巴黎圣母院，在斯芬克斯（Sphinx）俯伏的位置上，看见它欲从地面上升起，它的两个立方体的塔像长在头上的耳朵，它的身体在其后展开翅膀。建筑物的图像通过立在地面上的物体而给出，我们可能认为我们已经很了解了。在看了建筑物的高质量照片，或者我们绕着它走过之后，我们会有同样的经验，当把它的平面图展示给我们时，我们会惊呼："哦，我知道了！就是这样！"一眼看去，我们就掌握了它的实质以及它服务于其功能的方式。很少有像巴黎圣母院那样的主要作为视觉纪念碑和展览品的建筑物。它的本质包含在其外观中，当我们走向或者进入教堂时，并没有为我们准备好我们想要看的平面图。反之，对于那些整体形式不容易被观察以及不能由惯例决定的建筑物也是这样。

看来很明显，建筑的真正本质应该由平面图来揭示，即一旦建筑物被矗立在那里，任何人都不能看到它的全貌。只有当它被破坏、被烧光或被考古学家揭示它的基础时，才能从直升飞机上看到它的全貌。但是当我们穿过完整无损的建筑物，它的平面图就被知觉所曲解并被分成一些部分，整体式样的共时性被一系列景物所取代。但是几乎不可避免，我们确实在头脑中努力从我们接受的分散景色中重构整个建筑物的平面图。当我们成功了，顿悟的闪现，就像心理学家称呼的那样，是我们真正的灵感体验。只有当这发生之后，我们才知道我们的位置，从而感到自信。

矛盾源自于行为世界和视觉世界之间的基本差异。行为的主要维度是水平面，与行为相关的东西容易被平面图所揭示。而视觉的主域却是垂直的，当我们向下一瞥时只能看到小范围的事物，当然不包括建筑物。如果我们想看见辽阔区域，而不受约束或者不过多地省略，它就必须在垂直方向面对我们，这样才能满足我们的垂直视线。因此在本质上作为视觉纪念性的建筑，像大教堂，在垂直维度上显示了其特征并通过强调垂直宣告它并不是为人类居住而建造的，而是为被赋予视觉感官的矮人而创造的超人形象。

因为行为的舞台是水平维度的，平面图告诉我们建筑物是怎样作为物体和人类活动的组织者而存在的。平面图告诉我们做什么、该去哪里。在图30中以简单平面图为例，只

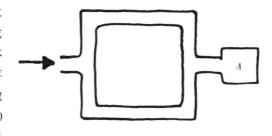

图 30

有当观者了解到通过向左转和向右转他都可以同样达到他的目标（A），他才能明智地决定怎样前行，甚至这两条路的对称从来没有被直接看到，但掌握这种对称是了解建筑物结构和充分利用建筑物的先决条件。

同样的式样也可以垂直存在。有这样的建筑物或毗邻建筑物的组合，其中人们可以绕过一个障碍，可能是个礼堂，只能通过爬上一层从上面通过或向下一层从下面通过。这里再次对于观者来说，知道不同出口是十分有用的，但是这个式样并没有被定义为对称，因为就像我在前面提到的那样，沿着水平轴线的对称与我们空间关系的直觉系统相抵触。事实上，这种对称甚至没有被察觉为建筑物的真正组成部分。在使用它时，观者会觉得他在巧妙地利用建筑结构允许的可能性优势，但并不是建筑本身的意图。

在平面图中，建筑把自身展示为人类活动的工具。相应地，平面图显示出那些建筑物的主要维度，主要突出部分象征人类行为，例如，勒·柯布西耶为哈佛大学卡彭特视觉艺术中心设计的主体只能通过看平面图而了解（图31）。平面图揭示了两个相似肾形工作室的组合，它的

弧度被强烈地推向周围的两个方向，在外部，只能看到这个设计的部分特征。爱德华·塞克勒尔（Eduard Sekler）曾指出两个对应形状的转矩"保留一种现象，只能在平面图中被理解或通过一个较高的有利的地点来观看。它并不影响在建筑物内部的空间经验，因为两个自由形式的工作室是在不同水平面上的。"

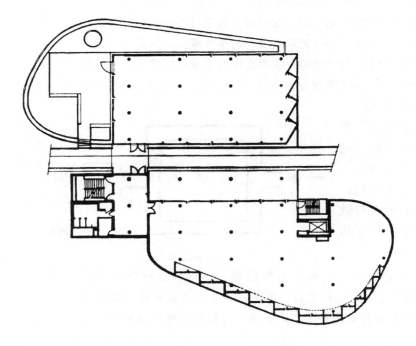

图 31

就像这个论断表明的那样，在严格意义上，勒·柯布西耶的主旋律甚至在平面图中也不能看出来，除非平面图把二层工作室的顶棚与三层的地面相连——当然是令人困惑的程序。否则，这里所需要的就是从不同水平面所做的两个平面图的一个合成，并带有从每个水平面选取的某种特征。当一个平面图被限定在一个单独水平面之中，如果在垂直方向上没有相关变化，它就会代表整个建筑物，例如，除了门厅和地下室之外，每一层的房间具有相同的建筑平面图。当然，垂直维度从不会完全不相关，用个最简单的例子，当建筑师准备技术性的建筑平面图时，他会以选择窗户、门等等这样的方式来显示选择的水平面。

确实，大多数的建筑物中的地面与顶棚一般不会相遇。墙可以在平面图上简化为轮廓，而并没有缺失任何实质信息。固然，如果平面图要表现出浴室或办公室的设备，它必须合成物体的界限而不考虑它们维持其主要范围的高度。但是，对于在办公室或公寓建筑中的不同楼层之间的关系来说，垂直维度中不需要这种相互作用，居住者在他们独立的楼层上生活，经常彼此并不了解。

甚至直立的人类身体也只是在平行层中这种作用的小模型：头所在的水平面上，中枢神经系统感知并加工信息、作决定、指导行为；胳膊所在的水平面是工作的领域，腿所在的水平面是运动领域（图35）。

然而，忽略内部联系是危险的，建筑师常常要衡量不同高度之间的关系。如果一条路在地平面上以直角穿过这座建筑物的主要突出部，就必须考虑道路和建筑物之间的内部关系。如果在第二层突出的工作室成了第三层居住者的敞开式平台，那么这两个水平面就不得不被一起设计。问题也不能局限于部分之间这种零碎的关系，如果大楼成为一个建筑物，即创造形式的心灵产物，它就必须符合心灵的大体标准，因此它必须被作为一个整体来构思，不管这种整体统一性对居住者可能会多有用，或者甚至对他们来说知道它有多么便捷，这样的统一性需要所有相关维度的综合。

第二维度和第三维度

即使一个建筑物的总体设计要求三维一体，但是它简化为平面图和剖面图远不止技术上方便，实际上还有很多的优点。从整体中抽出的两个维度中，所有大小和关系都可以被正确地表现出来，没有隐藏什么，所有东西都可以被眼睛看见。然而，就像三维物体所再现的那样，这些平面切片是有严重缺陷的，但是，对于为什么平面图和剖面图不能被简单地被三维模型所取代，是有一个心理原因。雕塑的历史不仅是个体发生的，也是系统发生的，告诉我们真正的三维概念是如此复杂以至于它只能逐步地被人类头脑所得到。在早期雕塑中，三维物体是从一套彼此之间以直角相联系的平面组合起来的（图32），有前面、顶面、后面和两个相似的侧面。著名的古埃及狮身人面像是这种构思方法的典型。两维投影之间的连接是第二步要做的，甚至完成的作品仍然留有基本的立体结构，是由自足的两维视阈组成的。只有在特定的历史条件下，雕刻家的空间概念超越这种基本的笛卡儿坐标并在所有方向上自由创造——一种可以被研究的发展，例如，古希腊雕塑历史中，从古老的早期雕塑到希腊文化时期的复杂雕塑的曲折演变。

这些相同的心理约束存在于建筑中，只有在我们自己时代的某种极

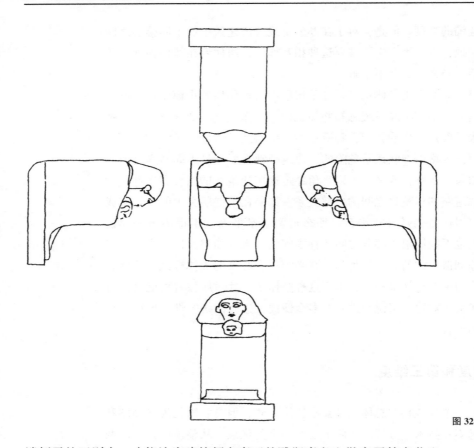

图 32

端例子的区别中，才能认为建筑师在真正的雕塑意义上抛弃了笛卡儿坐标系。在这种情况下，水平和垂直维度除了可能在地面上外，在哪都不会清晰地看到。它们只随着倾斜的弧度偏离空间的标准而被暗示。这种自由建筑的最佳例子就是在 19 世纪 60 年代，由埃罗·沙里宁（Eero Saarinen）为环球航空公司（Trans World Airline）设计的肯尼迪机场的候机楼。如果只有地面和他们的同行者直立的身体（这些人不是由设计师所设计的）在视觉上给予支持，就会引起心智健全的不协调因素，多数人在维系他们对空间框架的内部感觉上都会有困难。另一方面，雕塑因为两个原因能承担这样的自由，因为在自身方面，它不是空间环境，在大多数情况下只是空间环境的一部分，雕塑的框架来自于它的自然或人造的背景。事实上，在偏离背景的清晰坐标中，雕塑履行了其功能的一个重要方面。而且，雕塑并不是人类住所的器具，它纯粹用于视觉，而不是为了物质目的，因此它从满足人类身体重力需要和保证眼睛看到这些需要被满足的义务中解放出来。在电影《卡利加里博士的小屋》

(*The Cabinet of Doctor Caligari*) 中，"表现主义"的建筑和家具在畸形场景和有机形状的演员之间，无意中创造了一个妙趣横生的反差。

　　甚至当建筑师回避偏离基本三维框架，形成三维结构的任务依然保持一个强大的结构。人类头脑在视网膜上从二维投射中接收关于物理空间的视觉信息，平面图的平面图像和建筑图中的垂直剖面图非常适合我们视觉的局限性。在第四章中，我将会更清楚地涉及建筑物的客观形状与它们的知觉外观之间的关系，那时我们会强调真正的三维概念是本质的。在心理学上，不仅仅在直接感知中也在精神的想像中，在某种程度上是有道理的。

　　如果人们只看到了两个肾形工作室的水平主体，那就不可能掌握勒·柯布西耶设计的哈佛大学卡彭特视觉艺术中心的最基本轮廓（图31）。通过中心的垂直剖面图则显现得更少（图33），建筑物外观照

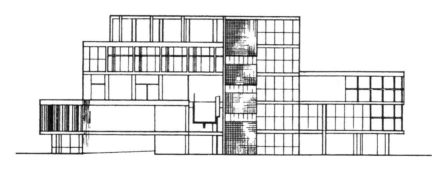

图33

片使我们看到的更多，但只允许对建筑外观基本骨架的猜测（图13）。为了掌握这个基本主题，人们必须了解到一个中心立体的核心，在外部通过相等的立体楼梯塔反映出来，组成了建筑物的主干，并像树干承载树枝一样承载水平翼，人们可以认为这个主题是在旋转顶上的更为简单的形状变化（图34）。一些垂直和水平因素相互关系的这种想像，是走近勒·柯布西耶的创造物的观者不可或缺的最基本理解。

　　为观者定位的水平平面图的有用性，像在以前我提到的那样，取决于多大程度上是在垂直维度上发生的。我们已经看到平面图不仅仅是占地面积，而是合成了建筑物在给定高度范围内的决定性特征。只

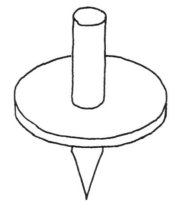

图34

要建筑物可以被简化为很多交叉横剖面图，每一个交叉横剖面图都描述了一个重要的不同平面，这是非常有用的。一座哥特教堂可以在正殿和侧面走廊的水平面上给我们一个平面图，在天窗的水平面上给出另一个，后面的平面图可以表明屋顶塔楼的形状和位置。通过把这些平面图重叠，建筑师可以发现位于不同水平面的形状之间的关系——对于整体统一性不可缺少的一种了解。

这种方法的优点和局限可以通过重叠站立的人体的不同横截面图来说明（图 35）。这样一个平面图的组合部分可以明显的表明脚在与头的关系中是如何被放置的，以及骨盆是如何与肩膀配套的。同时，垂直维度的完全排除证明了水平面间的相互关系是不成立的，因为这些在很大程度上取决于它们中间的距离。

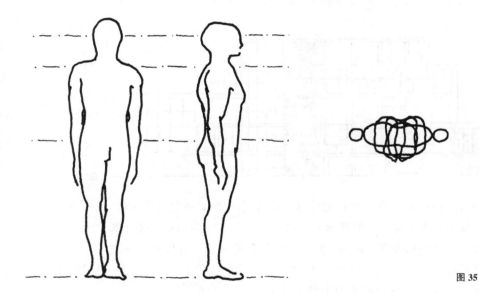

图 35

另外，一旦在垂直方向的变化创造了有特征的形状，垂直压扁就变得令人十分不满。非常明显，一张表明圆顶或棱锥的形状在不同高度水平面的等高线图将使我们有足够的数据去绘制它，但这样几乎没有做全盘考虑。在现代建筑中，问题会变得更加紧迫。德国诗人保罗·舍尔巴特（Paul Scheerbart）曾在 1914 年他的预言性离奇小论文《论玻璃建筑》（*Glass Architecture*）中写道：

　　　　钢结构使墙成为任何想要的形状成为可能……人们可以把圆顶

从上面变换到侧面，这会使我们坐在桌子旁边时能够通过侧面或向上来观察它们的效果。曲面在墙的下部也是有效的，尤其是在较小的屋子里，它们决不忠实于垂直。建筑平面图的重要性因此就被强烈减少，建筑物的轮廓得到了新的重要性。

确实，通过混凝土而不是通过堆积的石头和砖，现代建筑可以自由选用的多姿多彩的外观和倾斜的墙不能从横截面图中推导出。轮廓确实在垂直剖面图上显现。当从旁边看时，圆顶向眼睛揭示了其实质，但是我们必须立刻补充一下，只是因为从圆顶的上面切开的任何垂直都彼此相似才会这样。同样，哥特教堂的正面图告诉我们很多，假如这样的话，由于建筑物有一个正面，它不仅在建筑物的垂直方面突出，而且代表了所有沿着正殿作的剖面图（图36）。为了过度简化，人们可以说对于这样的建筑物，体积是正面图形状的延伸，或者反过来说，建筑物相对稳定的横截面在正面宣告了自身。

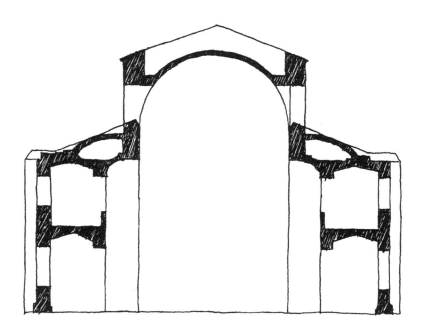

图36

然而，这种依赖于正面图很少成为可能；例如，基本上是一个立方体的万神庙只有通过正面和侧面之间的关系才能被理解。万神庙本身构成的正面会给人一种平的、自足门廊的错觉。前面矩形的高度和宽度之间的比例必须在与侧面高度和宽度的比例的关系中被理解。廊柱不仅在左边和右边都没有停止，而且环绕所有角落不间断地一路围过去；山墙只是长长斜屋顶的终端曲面。为了保持这种三维，建筑物以这样的方式被放在其位置上，即从通廊进入雅典阿克罗波利斯卫城（Acropolis）的观者并不是直接面对它，而是在一个角上面对它。通过这种方式，对称正面有效地完善了失去一些误导的力量。这种景象向走来的观者表明，并不是邀请他进入建筑物，而是让他绕着建筑物走。

这种就是建筑物任何单独直立的投影的局限性。投影的正面图压制了向深度拓展的所有形状。倾斜的视野歪曲了比例、角度以及对称。所谓的轴测法的投影法，就是以等比例绘图的透视法，提供了把最小的变形与作为三维固体建筑物的最佳概观结合起来的最成功方法。

我将要把对这个复杂问题的讨论限定在评论水平面和纵断面的区分上，使我们把注意力集中在这章主题——经验空间的不对称上。一张平面图，不管它有什么样的局限，都有一种直剖面图不能比拟的完整性。尽管平面图抑制了上部结构的信息，但它包含在人类运动空间的总体范围中。它描述了建筑如何延伸到周围环境中，以及如何进入、横贯以及占据的全部情况。它列举了通道和障碍，因为平面图把建筑物定位在其布局中，它表明了与邻近物、与它们之间的关系以及与它在环境中的特定位置等的接近或远离。在平面图中表现出来的空间在缺乏第三维的意义上是完整的，并没有经验为缺失了所要表明的部分。建筑物在地面上的垂直结构与地下楼层一样是平面图的附加部分，而不是一个不完整再现的完整。

正面图从不会有同样的完整。但是一个平面图，就像一张地图一样，可以从任何方向上看，正面图在上下和侧面之间有一个内在的区别，正面图的两个维度上只有垂直提供了完整。水平方向只有在那些很少见的中心对称的情况下提供完整信息。圆形塔的所有剖面图都是相等的，其他中心对称的建筑物至少有两个可变化的剖面图。但是甚至在这些情况下，本质上三维结构的剖面图，在感觉上却是二维图像。尽管像我以前说的那样，传统长方形基督教堂在本质上是向纵向延展的二维主题，例如，通过它切开的一个垂直剖面图，不能推测出教堂的十字形翼部的存在。

在最后的分析中，任何垂直剖面的缺陷产生都是因为它所代表的平面是在水平空间 360° 范围内无数基本相等的剖面图中的一个。尽管在任何时刻，观者只看到了其中的一个剖面，但他是在知道这个剖面图在所有其他可能剖面图中的位置和作用的前提下这样做的。只有通过了解空间背景，他才能真正了解他所寻求的途径实质。因此，只有他能够想像出建筑的任何一个维度与其他维度的关系时，建筑物对于他才有意义。

心灵增加了意义

如果它们的动力没有做出把建筑变成象征形象的重大贡献，使人们能在其中看到自身存在的基本情况，垂直和水平的心理特点就很难引起我们的注意。尽管这种关于建筑的最终目的的讨论更属于以后的考察，但允许我在这里插入一位小说家的观点，他通过有力的宗教例子捕获了垂直的象征意义。威廉·戈尔丁（William Golding）的小说《塔尖》（The Spire）讲述了中世纪一位牧师的故事，他把塔尖加在教堂顶上作为他通向虔诚和野心的一个冒险碑。这本书唤起了对大教堂赋予意义的心境，但它补充了更个人的想像以及只有在我们时代才能给意识带来的动机，尽管也归因于前人。通过把过去经验和现在戈尔丁的描述结合起来，接近于画出了从基本空间维度暗示出意义的整个范畴。

戈尔丁的故事表明，首先，垂直维度是完整的，在视觉上也是完美的。只是因为塔独自超出它的环境进入纯净空间，它才能用来表示渴望顶点在建筑上的实现。在现代城市中同样的建筑，它们被其他建筑物所包围，为了使目标更低而达到更高，看起来像一种消失力量的可怜模仿。在老镇屋顶之上，鲜明地表达了牧师和教区居民思想的一致意义。但是这种意义并不局限于一个单独方面，除了向往人类不能达到的力量外，塔还具体表达了达到那些代表世间力量同时也是美德顶点的高度。此外，高高在上也是看门人、监督人、法官审视好坏行为的位置。从下往上看，塔是一种劝告、一个方位的中心。"乡村正在顺从地把自己变为一个新的样子。目前，通过一致赞同，城市将会是位于注定的车轮中心的毂。"

于是很多简单的视觉表现内涵相应地依附于简单形状。这个城镇的宗教氛围把意义的家族进行了等级划分，但引人注目的纪念碑也起某种作用，它们在相当复杂性整体意义中相互作用。垂直维度只能通过与同样包含在建筑物中的水平维度的对比来定义。教堂静卧在地面上，是"最大的房子、方舟、避难所、包含所有人并现在是与桅杆相适应的船"。

平面图介绍了人的因素。这种平面图的传统形状不仅让人想起交叉，也让人想起人的体形。建筑物和人之间的平等被戈尔丁所应用，非常令人相信，在一种现代心理意义上，胜于专业哲学所提供的相似东西。例如，在弗朗切斯科·迪乔治（Francesco di Giorgio）的著述和建筑图中（图51）。在这里水平位置被更为精确地考虑：由人的形体伸展手臂仰面平躺，因此赋予建筑物本身与地面连在一起的感觉。在微弱的条件下，尖塔上升更加引人注目——雄心、渴望、吸引、也有危险的傲慢。迪恩·乔斯林（Dean Jocelin），这个项目的主要倡议者，他死于一种神秘的背部疾病，在他的教堂形象中无助地挣扎。

性因素非常自然地进入故事中。塔在原始空间的矗立也是一种粗俗和罪恶。戈尔丁通过一段有趣的事件清晰地阐述了这个主题，建筑队的一个人取笑地握住教堂的小模型，并且边走边舞，塔尖在他的两腿之间淫秽地伸出。由于迪恩·乔斯林也是一位没有实现愿望的人，被女人的幻象所缠绕，我们被告知他在临终之时，"他熟练地抬起头来，想看到最后时刻魔法是否离开了他；那只有一团混乱的毛状物，在星星间闪烁；他的塔尖巨大的棒状物朝向它矗立"。

人类内涵的复杂性——宗教、社会和性——意味深长地与产生它们的建筑主题的简洁性相对照。正是基本状况的全部可见性才使艺术的阐释对人类精神如此不可缺少，就像它在大量令人困惑的个人经验中努力寻找潜在的主题一样。

第三章　实体和虚空

把建筑像绘画和雕塑那样作为孤立的物体来对待，这很具有诱惑力。人类的心智发现每次处理一件事情很容易；这不仅对构思建筑的建筑师是这样，而且对描述它的批评家和理论家来说也是这样。趋向零散处理的趋势被个人英雄主义文明加强了，其中，团体被单个元素的聚集所取代，彼此忽视、争斗、对抗，或者竭尽全力与它毗邻元素分开。然而甚至我们现在生活方式的混乱也只有"自上而下"审视才可以理解——采用马克斯·韦特海默（Max Wertheimer）的术语——就是说，从总体开始并且在它们的背景中考虑个体元素。只要我们一点一点地"自下而上"看世界，我们就看不见混乱，并且秩序的确一直隐瞒着这样一种方式。

背景中的建筑

当然，秩序的基本元素总是存在的，并且在某种程度上，任何物体都由它当下的环境所制约。尽管绘画和雕像已经获得了它们目前的可移动性，就是说，它们对位置不敏感，这也只是文艺复兴以后的事。为特定建筑的特定的墙体所做的绘画以及雕像的意义和功能都由其背景所制约。建筑当然位于环境中，无论如何，两者都互相依赖。

但是按照自然法则，环境是无止境的，并且我们发现，绝不容易确定必须考虑多少背景才对一座特定的建筑是公正的。我们应该如何细分环境并由此从它的环境中分离出来一个复杂的事情，使我们可以单独探讨它呢？研究赖特的纽约古根海姆美术馆（Guggenheim Museum）时，我们能够不考虑它妨碍帝国大厦的街区吗？我们能够忽视广袤的中央公园把海滩和狭长风景提供给建筑物，或高耸于地平线上、标出公园远侧边界线的建筑物吗？如果我们不铭记使整个上东区具有特色的传统和大胆的现代建筑的不规则分类，我们能够洞穿第五大街吗？曼哈顿的建筑是为何一下子吸引了从不同的自然风景或都市来的人？

很明显，对任何物体来说，在空间和时间上没有固定限界，但是相对性将不会阻止我们试图在一定精确度内描述物体。相反，给定一个限定的框架，物体和它背景之间的相互作用已经客观地建立了起来。这个框架不仅包括外观上呈现于感知的心灵情况，而且还包括那些观者自身普遍的条件：他的思想准备、他的意图和目标、他看待事情的方式等。对一个有效的分析来说，人们必须使所考虑的框架和那些潜在的影响彰显出来。

这些理论指导我们贯穿目前的研究。它们引导我们在这里思考心理学家所称作"图"和"底"之间的关系。这些术语不是自明的，它们指的是能够清晰阐释的特殊知觉现象。它们不是雕刻家称作图形、也不是建筑师称为基底的东西，尽管它们可以应用于两者。

无边界的底

诚然，心理学家自己没有做完所有他们应该使这些概念的意义更加清晰的工作，并且通过类推和隐喻使它们免于泛化。尤其在知觉的研究方面，心理学家把他们的注意力大部分都限定在图-底关系的简单例子上，其中基底呈现为无限和无形。当一个单一的形状，如一个黑色的正方形，被置于一个不明确、潜在无限的基底上，只有在这两个表面之间的一种关系被认为是相关的：一个可视物体位于前面（"图"），另一个位于后面（"底"）。图有一个清晰的形状源自于知觉对象的积极特性。它的形状是这种情形中的两个合作者之间关系的惟一决定性因素，基底由于图形促使而位于后面，并且甚至与图形相比，它缺乏边界，因为它没有间断地持续在图形下面。没有边界，基底就没有形状，只有一些一般空间或诸如低密度等的质地属性。

这种观看图形和基底的最简单方式与我以前描述的感知空间的基本和自发方式相一致。根据那个观点，空间作为容器存在，就像一个巨大的玻璃容器，它的里面可以放置土壤和岩石、植物和生物。空间是空的，并且不产生行为也不发挥它自己的任何影响。它可以被认为有边界，虽然它们简单地组成一个另外的物体——玻璃器皿的玻璃箱；但是它们没有把空间的性质转化为空的媒介。

当实质物体和虚空之间的简单和静态的区别被作为力场发动机的更

为复杂的物体概念所代替，并在周围空间扩散时，这个概念基本上没有改变。空间弥漫着矢量，尽管这些矢量的性质被可利用的距离和广度所修改，但是它们由物体及与毗邻物体相互作用形成的相似力依然产生。在第一章的讨论就限定在这种基本方法上。

空间的相互作用

然而有必要超出这个特殊的例子，而思考在毗邻领域所有那些潜在的能够假定图形作用的常见实例，尽管它们可能不具有完全与那种作用相同的资格。在一个两维的平面中，当毗邻的区域同样具有资格作为图形时，就会引起竞争，它们两个不能同时成为图形。这种对抗在埃舍尔（M. C. Escher）的大胆图形中，以及在超现实主义者，如达利（Dali）、马格利特（Magritte）、切利乔夫（Tchelitchew）等的作品中都非常明显。这种可逆的式样在竞争的变体之间展示了一个不稳定的平衡和不规律的振荡。

越普遍，当然也是对艺术家的意图越有用的是这样的情形，即在它的所有区域内都具有使它们被理解为图形的性质，尽管其中一些在这方面明显占有如此优势，以至于避免了含糊。在这种情况下，从属区域被看作是总体背景的基底，但是它们不是简单的无边界，没有形成它们自己的力量。它们宁愿充当"消极的"空间。它们有自己的形状，贡献给整体式样。但是这些消极的形状只有通过主观的努力迫使结构使自己转化，才能被有意识地感知到。艺术家这样做的目的是评价和控制这些消极空间的影响，这就像一种知觉反物质那样均衡积极的空间（图37）。我们应该明白，如果没有这些消极空

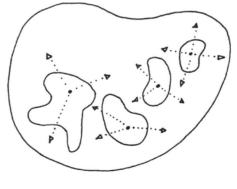

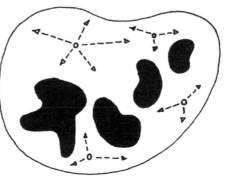

图 37
让·阿尔普
（Jean Arp.）
模仿的一个构
图形状

间的反作用，积极的空间将会完全失去团结一起的基本含义。

只要基底无形、无限并且因此缺乏它自己的结构，那么轮廓就只被积极的图形所控制。但只要消极的空间在任何程度上有图形的力，它们也影响轮廓。虽然式样被看作是一个整体，但是它们并不拥有或分享它们。从动力上讲，矢量是由内部占主导地位的图形挤压轮廓并且竭力使它们扩展到周围空间而产生的。如果这个扩张力没有限制，图形缺乏限定并且摇摆不定。只有当内部的压力通过外部的反压力（即由消极空隙产生的矢量）取得平衡了，它的边界才获得了知觉的稳定。这种外观静止的轮廓作为压力和反压力的合成把自己展示给较为敏锐的眼睛。

在成功的绘画中，缺乏这种补偿力的完全虚空是非常少见的。察觉为图形的形状占据适当的位置，并且它们影响的范围被通过基底产生的力所限制，所有这些力的相互作用建立了图示平衡。如果不是这样，视觉的阐释将是不可能的。只有通过它们周围的竞争者的反抗，图形的力量才能获得它们真正的活力，这也是事实，就如打入虚空中的拳头没有反应一样。

我们的观点惊奇地回应了毕达哥拉斯学派的哲学家阿奇塔（Archytas），根据马克斯·詹莫（Max Jammer）的评论，阿奇塔坚持：

> 空间具有使在它里面的实体有边界或界限，并且阻止这些实体变得无限大小的属性。也由于空间这种约束能力，宇宙才作为一个整体占据一个有限空间。对阿奇塔来说，因此空间不是纯粹的延伸，缺乏所有质量和力量，而只是一种原始的大气，被赋予了压力和张力，并且被无限的空间所限定。

特奥多尔·利普斯更清晰地阐述了相同观点："对任何形状里每一个活跃的有生力量来说，有一种反倾向（或反行动），形状存在并且只能凭借这两者之间的均衡存在。"

当边界被看作是物质对象的属性时，它们就不再是那种似乎是插入物的定界了。从物理上讲，纸上的一条直线实际上是死的东西，从周围空间分离出来的建筑物的边缘、轮廓和外观也是这样。然而对这些线条、轮廓和外观的感知意象是神经系统的产物，同样也是我所竭力描述的对抗力量的高度动态合成。心理的影响是基本和普遍的，但是只有艺术家使他的直觉如此敏锐，在他的作品中使用这种效果，甚至他可能不明确地意识到他所经验的东西。街上的行人甚至不可能意识到知觉物体的动力，尽管对他的视觉世界总有一些影响。

这种方法的基本前提是承认空隙可以是、并且经常是视觉物体本身的属性。几年前，英国艺术家大卫·卡尔（David Carr）展出了源自纽约的摩天大厦之间空隙的雕塑。建筑物像阶梯样的凹陷形生长出了一种悬挂的钟乳石（图38）。正像我所说的，这种深奥微妙的图和底的颠倒不是普通感知的特征。但是它并没有逃脱亚里士多德（Aristotle）的注意，他把空间定义为物质对象和围绕它们的敞开区域之间的空隙所限制的东西：

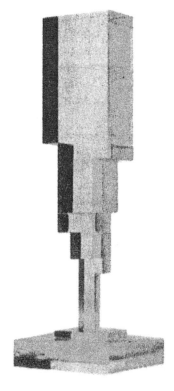

图38
大卫·卡尔制作的雕塑

　　　空间和时间也属于量这一等级，时间、过去、现在和将来形成一个连续的整体。同样，空间也是一个连续的量：因为实体部分占有一定空间，并且它们有共同的边界；由此得出结论，被实体所占据的空间部分和实体部分一样，也有共同的边界。这样，不仅时间，而且空间也是一个连续的量，因为它的部分有共同的边界。

亚里士多德没有考虑有限的实体和无限空间之间的普通心理上的区别；他直观物质世界是紧密地填充的连续统一体，其中的物体的边界与物体就像在拼板玩具中的那样。在这里，他接近画家的、也是建筑师的世界，他一定在空地是空的或不是空的时候培养了他的感觉。

亚里士多德的陈述，毗邻的物体平静地分享它们的边界。然而在知觉中，边界是反向力的不稳定的产物。心理学家所说的"轮廓对抗"，就是当两维平面中的两个毗邻物体，每一个都试图侵占共同的轮廓作为自己的边界

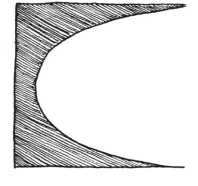

图39

时产生的。轮廓不能同时适合于两者（图39），在这个极端的例子中，如果决定图－底之间的差别的所有因素都喜爱图的这一方，那么胜利者抢走了轮廓，其他平面成了无边界的底。如果一方不是完全而只是相对地占有优势，另一方虽然不具有竞争性，但也较强烈地要求边界，于是一些轮廓对抗盛行。

这种竞争可能与普通体验相抵触，尤其建筑师周围似乎都是彼此毗连的形状的例子、却没有感知任何力量争斗的迹象。任何砖墙的长方形单元都平静地分享它们之间的缝隙（图40）。之所以这样，只是因为砖与砖之间的轮廓是直线的。直线的轮廓是这种理论有效性的一个例外，因为它碰巧是两个平面之间惟一可能对称的边界——对称，就是说不仅是整体的对称，而且它的各个部分也对称。它恰好在两侧创造了同样的形状条件，并且由于这个原因，互相边界遵循这种方式在每一处的平衡引起了对抗矢量。均衡是各种力的相互作用终于达到最接近于停滞时的动态；但它绝不是静态的。

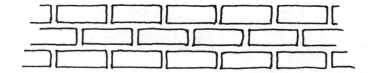

图 40

所有其他边界形状在毗邻的平面或体积中创造了不平衡，因此也创造了不同的动力。边界之所以不能舒适地被分享的原因，是因为它们在两个毗邻的区域履行不同的功能，因此不能被看作是一个或相同的东西。亚里士多德说毗连的区域有共同的边界，这在物理学上是合适的，但在心理学上却是不合适的。当面间线只是一个东西却属于两种不同的边界时，在感知上就产生了动荡的对抗。在这样的一个例子中，面间线动态地随两个不同的矢量中心转移，因此被扯向相反的方向。在这些对抗的推力和拉力导致边界线平稳的情况下，这时面间线是一条直线。在其他所有情况下，它们产生了不对称——例如，当曲线在一侧产生凸形时，在另一侧就产生凹形。由此产生的不同如此强烈以至于普通形状本身都不能被知觉认出来。

下面马上要说的是关于边界的形状，但是它们只是控制连续可视面之间的空间关系因素中的一个。对于我们的特殊目的来说，由于建筑师并不主要是在平面上处理平整表面的边界问题，而是要处理三维空间的体积，于是位置变得复杂了。

在平面的条件下，使我们期望把建筑看作图，而把周围的空间作为底的这些规律，心理学家已经进行了探索。那些规律之一预言，除非其他因素介入，否则被环绕的形状被看作是图形。在三维空间中被围绕的物体比在平面中被围绕得甚至更彻底。一个孤立的建筑物，当我们绕它而行时，看见了它的侧面、前面和背面（图41），它展示了它体积的可靠性。它不仅是沿着一个横断面是封闭的，而且处处都是封闭的。建筑带着这种不可抗拒的封闭，强有力地断言自己是图——即它自己外部平面边界的所有者。并且当观者朝它走过去的时候，他意图的指向把它更加清晰地表现了出来。

图41
依斯灵顿公寓大楼（Apartment house in Islington）（照片：John Gay）

事实上，建筑综合的完整和分离有必要给予他的主人这种确信，即他拥有他自己的家。莱纳尼斯·克鲁泽（Lenelis Kruse）在空间环境现象的研究中，他在德国做了一个报告，关于在住宅开发规划过程中，潜在的客户反对通过毗邻墙让住宅处于"半隶属"的状态，尽管这样可以给居住者提供更多的花园空间。他们主张一个人只有当自己随意绕着房子散步时，才算他自己的家。

街道作为图

然而这并不是整个情形，尤其在城市里，建筑物很少独立存在，它们是街道的一部分，同样它们几乎不展示它们的三维。它们非常适合两维的墙体，并且墙体被感受为城市峡谷的峭壁。此外，街上的行人只要还没有到达他的目的地，他就会面向街道，而不朝向任一建筑物。他的眼睛指引他穿过敞开的街渠，很明显，街渠是城市旅行者空间体验的主要特征；它有图的特征（图42）。但是这意味着图-底位置只是简单的倒置：真空区成了图而实体建筑成了底了吗？

克里斯蒂安·诺伯格-舒尔茨写道："为了成为真正的形式，街道必须拥有'图形特征'"。这里的真正形式到底指的是什么呢？我们被清楚地提醒，为了履行它的功能，街道为行人和车辆到达他们的目的地，必须提供的远不止是技术措施。如果街道用来服务于整个人类，它们就不能只是作为运转的交通工具来对待他，人类是心灵的拥有者，心灵驾驭着他、预料前面的情况，并区分障碍和路线。因此，街道所呈现出来的景观必须让观者知道，他所选择的路线是适合他目的的。而且，这种景观不仅要为空间方向提供实际所需的信息；它也必须有传达街道"感情"的富有表现的性质：畅通感、方向清晰感、通达感等。

从视觉上讲，首先，街道远不止是地面上的一条路线，人的脚步和车轮不仅需要表面畅通的街道向前移动，而是甚至在乡村道路上也有沟渠、路肩和树木给眼睛指引道路；在城镇，街道在视觉上是一条三维的峡谷，由建筑物和地面所形成的一个延长了的孔道。在某种程度上，孔道的外表不是平坦地终止于街道水平面上，而是以一定角度起伏，连续穿过路面，在对面再次升起——街道就是完整的容器。在这里记住前面的论述，尽管基本的视觉维度是纵向的，但是水平面却是人类行动的场所。由于街道给路线增加了直立的维度，因此使它被看作是一个三维的孔道。

图 42
巴黎菲尔斯滕
堡大街（照片：
John Gay）

　　街道峡谷（Street Canyon）的凹处也实现了某些目的，我将把它描述为内部的重要品质，即它担当了人类周围空间令人愉快的延展。虽然人类与他周围广阔的空间相比只不过是一个小生物，但是他却产生弥漫周围环境的知觉力。这使他体验到由一个膨胀的自我形象所填充的街渠，它在各个方向上侵占空间，并且也期望迅速运动。

　　街渠是人类扩大存在的王国，因此被感知为图形。开车比走路更加明显，增加的速度强调了对真空区的突破，并且把他的注意力更加集中在那个空间里发生事情上。甚至在物理上，交通的增长已经极大地提高了街道的重要地位。海德·贝恩特（Heide Berndt）指出，工业化前的城镇地图证明了行人的重要地位：

　　　　狭窄并有几分混乱的街道网络在功能上适于作为通往建筑的街

道，没有几条街道宽阔得允许汽车通过，城镇规划的基本元素不是
街道，而是住宅单元和公共广场，狭窄的通道是由入口处的空间布
局决定的。

在工业时代，建筑和街道之间的空间关系改变了。随着交通体系要
求的提高，在城镇的布局中，街道变得比建筑布置更加重要，"城市地
图表明直线街道以直角交叉，这就打开了视觉透视图并展示了灭点。"

然而，这样的重新转换并没有使建筑物和街道地面显现为空的角
色，即难以形容的"底"。诚然，建筑物提供了一个围墙，它规定了街
渠的形状。街道的正面掩藏了建筑物的立体，这将要求建筑的正面作为
它们的外部表面，它们的平面使建筑的正面作为凹形街渠的边界。建筑
的正面融入街道的连续墙体中，淹没了建筑的个体特性。据保罗·波托
盖希回忆，当他是个孩子的时候，尽管他父母的公寓对他来说是庭院里
面的生气勃勃生活缩影，但是他不能把父母居住的建筑与无名街道的正
面协调起来。

> 我九岁的时候离开了那栋房子，不难理解我每天从我们的窗户
> 所见的东西和我站在邻近的街道从外面所见的东西之间的物质关
> 系。街道笔直得像长廊，取代了复杂、有生气的大庭院，具有文艺
> 复兴风格的正面带着它们的永恒旋律和愚钝依然存在下去。

由于缺乏明显的屋顶轮廓线，正面的连续平面在高大建筑物中被加
强了，高大建筑物超过了行人的视野，因而在直接观察中隐藏了阶梯状
的凹陷形和倾斜的屋顶，人们没有在空中看见顶部转向并且敞开的街
渠，因此有时在高层区的街道闭合令人恐惧。

尽管在街渠占优势时，建筑的自由意志黯然失色，但是建筑物凭
借它们自身的条件保持优美的外形，一种态度的转变可以把建筑物从
峡谷墙壁的从属地位中拯救出来，并且允许它们自己的图形特征显现
出来。哲学家海德格尔（Heidegger）关于桥梁作了个相似评论，他指
出，一座桥横跨一条河流使河岸的性质发生了改变，桥梁使河岸彼此
相对。如果没有它，它们将"作为陆地带的不相关边界追随着河流"。
桥梁通过与两岸垂直相交进行了这种转换，这也是行人或司机转进小
巷，把注意力集中在作为目标建筑物的入口处时所发生的情形，现在
"不相关"的围墙作为一个面被展现出来。我还可以举另一个比喻：

就好像一位检阅优秀卫兵的高官与一名无个性特征的士兵（作为个体的人）交谈，士兵在这个时候从连续的无差别的甬路的陪衬片段变成了积极的图形。

在建筑上，功能上这种改变指向了一个棘手问题，要使一排连续的、正面纵向朝向街道的，各自完善、自成正面的，而每一个都充分独立并有资格作为路程的惟一目标的形式相一致。它是其中的一个例子，其中建筑师被要求——事实上，在这个事件中他才有真正的话语权——把各个部分的独立与整体的连贯协调起来。一排排数不清的小房子衬托阿姆斯特丹运河，每一个设计都很别致并有特色，但都与一个连续的、带人字形式样的元素相适应，这是完美解决方案的最好的例子；但是我们许多现代城市的街道，由于把建筑堆砌在一起而无法辨别方向，那些建筑在设计（如果那是一个合适的词的话）上根本没有做整体考虑，街道这种有目的和必要功能的统一在间断的边界中消失了。

形成街道的建筑物的高度影响我们所探讨的峡谷的效果，然而高度依赖宽度，宽度也强烈显示街道的特性。街道需要呼吸的空间，如果街道太窄，彼此相对的建筑就会踩对方的脚趾并且不高兴地挤压中间空隙。但是街道也不能太宽，视觉中心只能由视觉物体创造出来，因为街渠的存在只是由于周围墙体的缘故，如果没有合适的建筑边界，它不能建立起它自己的矢量中心。如果街道的宽度延伸超出建筑所创造的视野之外，那将会是"空"，在我的感觉术语中，那是一个缺乏结构的区域。除非一些附属形状，如花床和树木使街道的中心带连贯起来，来补偿观者将会体验到凄凉的损失。他没有得到他要辨别方向的指引，也不可能充分测量出他到建筑物的距离。他必须集聚在他体内能够控制空间的东西，就像一个人驾驶汽车穿过黑暗的长廊。他将状态良好地走在开阔的原野或飞翔在蓝天，那时的感觉将使他很清晰地意识到他是独立的。过宽街道令人不安的是因为边界确实显然存在，但是观者不能抓住示意信号，它们在他所能达到的地方的摇摆。这使他感觉不仅是孤单，而是被遗弃。

然后在这种情况下街道就能呈现图形特征吗？在这里我们想起相似的圆柱情形，当它们太短的时候，似乎在线脚口和基础之间挤压，但是当它们太长时，不能充分满足阻力而建立起它们自己的矢量中心。有时类似的情况发生在建筑物和街道之间的关系中。只有当街道恰好具有合适的宽度，它才能把自己建立为带有它自己矢量场的视觉物体，积极抵抗来自另一侧建筑物的力量。

十字路口和广场

关于街道所说的那些更普遍适用于建筑物之间的空旷空间。当两条街道垂直相交的时候，重叠的区域在空间上是模棱两可的。在这样一个十字路口，由交通规则强行规定的交替通行权是一种社会和解契约，这种设计用来处理两种事物在同一时间、同一地点不能同时存在的进退两难的情况。在这里我想起了艺术教育家亨利·舍费尔-西默尔（Henry Schaefer-Simmern）在他的作品中讲述的关于有精神障碍的人的一段插曲，一群妇女设计了一处风景，其中河流垂直相交，它们苦苦思索如何处理这个交叉处。她们用渔线沿着两条河流漂流，渔线在中心交叉、相遇了，最后其中一个参与者偶然发现了解决办法：在交叉处造个岛（图 43）。

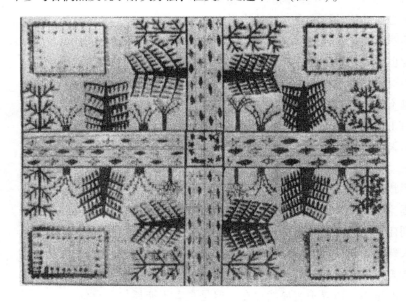

图 43
艺术活动的呈现（照片：H. Schaefer-Simmern）

在实际中，当两条独立的大街统一在十字形的式样中，这种式样把重叠区域限定为中心对称时，那么这种问题的情形可以富有成效地重新构建（图 44）。这种结构改变重新组织了四角建筑物的视觉特征，只有它们被想像为仅与线性街道相关，它们中的每一个就被分成两个基本独立的两维正面。现在两个平面的相遇被三维概念所代替，其中，拐角处的建筑物被看作立体，关于突出的边缘和两侧街道对称。这种空间重组极大地提高了拐角处建筑物的图形力量，理解这种完整观念的建筑师，他就会把拐角处建筑物的前端设计成为指向广场的中心。

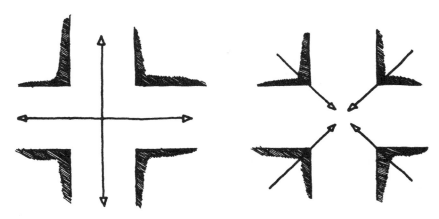

图 44

十字路口创造了什么样的空间动力特性呢？当然不只是空，每一个拐角处的建筑物都产生了一个力场，沿着建筑的对称轴朝向十字路口的中心前进。如果在这种情况下，在这四个场中只有动力因素，建筑物给人朝向中心前进的印象，直至由于其他力的冲击而受到阻止。十字路口存在四个向心矢量的组合，由建筑物形成了图而中心空间形成了底。由于适合底，中心区域没有边界并且因此没有自己的形状。

当中心区域获得一些图形特征时，这种片面的解决方法被克服了，即凭借释放矢量反作用力，平衡了从四个前端向前的那些力，从而建立起自己的结构中心。当这一切完成的时候，建筑物区域的动力被认为是在它们自己溢出的力和来自中心的与它们相遇的反压力之间相互作用而产生的。

十字路口的空旷空间是如何获得"广场"的图形性质的呢？我们期望相关的规模大小是一个因素，当这个区域太小的时候，它没有足够的空间去回应由它自己的矢量中心产生的建筑压力。如果它太大，建筑物的动力场不能延伸至中心；并且出于同样原因，凡是在中心发展起来的焦点都不能延伸得足够远，以至于约束边界的力，并且因此建立起一个遍及广场的结构组织。在巴黎的孚日广场（Place des Vosges）可能可以作为一个例子，与其说它是广场倒不如说它是一个框架。这个例子也表明水平距离与边界建筑物的高度相关。这个只有三层的建筑物，它可以在水平方向延伸很远。

另外，孚日广场的封闭形状加强了它作为广场的特征，与十字路口相反，它没有完整的边界。显而易见，轮廓越清晰，广场的特征就越突出。把两条街道的十字路口与四条街道的十字路口相比（图45），其他因素都一样，在后者中，广场有更大的机会建立它的身份。

图 45

　　然而至多这样，直线的边界不能强制闭合广场，它们停在角落上，但是它们的笔直性驱使它们继续向前而不停止。这种矩形角落的含糊性受到了皮特·蒙德里安（Piet Mondrian）的钟爱，他在晚年的时候，在他的抽象画中努力去除固体视觉物体和空白之间的"现实的"区别。他在 1943 年写给詹姆斯·约翰逊·斯威尼（James Johnson Sweeney）的一封信中解释到：

　　　　你知道立体派的意图——无论如何在开始的时候——想要表达体积……，这与我的抽象观念相反，就是这种空间必须被破坏。结果我通过使用平面破坏了体积——然后接下来的问题是平面也被破坏了。我这样做是依靠线条切割平面，但是平面仍旧保持了太多的完整。所以我不仅用线条，并且把色彩也用了进来。

　　蒙德里安通过把轮廓变形为我称作的物体线，分解了他矩形的闭合性。他把拐角处制成了交叉口（图 46）。他通过直线的趋势继续按照它们自己的方向延伸而不是在拐角处中断，从而获得了帮助。这种趋势在建筑的十字路口同样强烈。广场的轮廓与交叉的街道令人迷惑地排成一列，当观者沿着线形、一维的道路前行时，他们都更趋向于把它们看成是街道的部分。

　　尽管一座广场很难表明它自己的身份，但它完美地适于使空旷空间很容易适合街道网。当广场变得更加自足的时候，这种优势消失了。由

于形状改变得到一个
更加明显的封闭。英
语单词"square"暗示
直角形状；"piazza"、
"place"和"Platz"都
是指不受约束地通向
任何特殊轮廓的开口。
例如，在两条街道十
字路口的四个建筑物
的凸形拐角被截去尖
端，就像在罗马的四
喷泉广场（Quadrivio
delle Quattro Fontane）

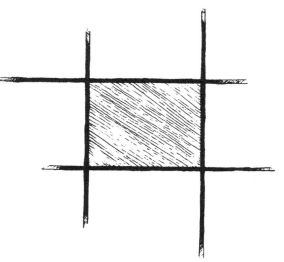

图 46

一样，用保罗·朱克的话说是"一个八角形的缩图"（图 47），每个拐
角被一个狭窄的正面截去了凸形尖端，用一个镶边的喷泉做装饰。这四
个镶嵌面看起来与中心直交，创造了一个中心对称。通往奎利那雷宫
（Via del Quirinale）和通往四方花园（Via delle Quattro）的两条街道，
不再形成交叉口，而是组成了一颗星的四个光柱。

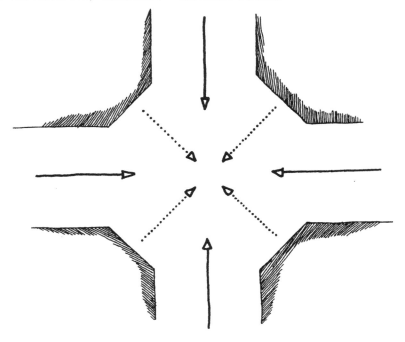

图 47

一个广场越圆，它就越自足。在水平方向安排圆形广场与其周围环境的关系，与在建筑正面的垂直方向把圆花窗安置得合适是同样困难的任务。这个圆的形状作为占有支配地位的焦点而被接受了。一个圆形广场不仅通过其轮廓牢不可破的一致性使其身份得到加强，而且它也用引人注意的精密度建立起它自己的中心，因此标示出广场自己的矢量体系中心。广场的力场由中心向各个方向展开，并被边界正面的凹形所证实。广场形状的凸面指定它作为统治图形，同时凹面建筑在来自中心的力的冲击下向后退却。

但是此外，就街道来说，周围建筑物不是简单地作为中立的底，尽管广场可能占统治地位，但是它不能使建筑物的表面附属于它而成为它自己的边界。毕竟广场不是空洞的空间，相反，这些建筑物是实体的不透明物，因此在任何情况下，边界是属于建筑物的。就圆形广场来说，这些边界通过它们凹形表达了强烈的被动性和有用性。建筑物被看作是由于外部看不见的力的挤压而向后退却。这样图形与图形接壤，但是没有产生轮廓对抗，因为在对抗各方中只有一方作为一个物体或一组物体是可见的。

利普斯在他的一个决定性论断中说："所有空间都是从内部延伸出来的。"空间中的一切都在延伸，广场的空旷空间用它的矢量力量的强度延伸，但是周围的建筑物拥有它们自己的延伸力量，在被阻止中拥有广场。因此从动力上讲，广场的延伸区域不是简单地由它的几何区域所决定，而是由离心的延伸和周围的约束之间的相互作用所决定的，由此产生的平衡反映了对抗各方力量之间的恰当比率。

就圆形的广场来说，空地的支配地位是由围墙的凹形显示出来的。对毗邻建筑物的部分更为积极的反击将会丰富动力。例如，其中一座建筑可能会通过它自己的凸面侵占开阔空间，就如罗马的圣玛丽亚感恩教堂（Santa Maria della Pace）把半圆形的门廊伸进广场中那样（图48）。这个门廊是彼得罗·达科尔托纳（Pietro da Cortona）在17世纪为这个15世纪的教堂后加上去的。建筑物和广场之间的动力高度相

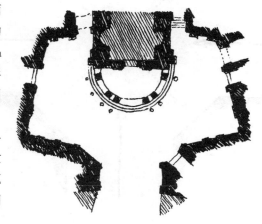

图48

互作用，因此是巴洛克精神的一种折射。这个小广场——维克拉和平门（Vicolo della Pace），并不仅通过为教堂有力推进提供空间而只是作为它的天井，而且广场显著对称的平面也给了它自己积极的特性。实际上，正如汉斯·奥斯特（Hans Ost）所指出的那样，这个广场有建筑内部的私密封闭感，它包围着教堂，就像罗马蒙托利欧的圣彼得修道院（San Pietro in Montorio）的庭院包围着布拉曼特设计的小教堂那样；正是小教堂从给彼得罗设计半圆形门廊带来了灵感。于是这个广场强大的积极形状就有资格与主要建筑的推力相对抗，一种动力平衡就建立起来了。

　　广场的中心或焦点常常很清晰地由喷泉、方尖石塔或纪念性雕塑标识出来，这样的一种强调不仅确定对称广场的几何形式，而且也为广场的矢量中心提供了确切位置。当基于中心的力场帮助广场成为一个自治的视觉物体，它也为人类居住者的存在提供了一个建筑的对应物，如果不涉及建筑和广场的维度，人类就不能声称他是依靠自己的力量具有生存权的。只有一群人，比如复活节时圣彼得广场上挤满的人群有可能那样做。但是一大群人是人类一个非常特殊的游行；他主要通过展示个性象征性地表达了他的特殊本性。简而言之，人类的观者必须依赖于巨大建筑的视觉力量被增强，这种增强，在人类和他为自己建立的世界之间的相遇中，使他能够履行作为天赋伙伴的角色。

教堂里的交叉

　　关于交叉的探讨可以从传统教堂的设计中，关于它在建筑上的突出应用来获得一些有益的参考。我在前面所谈的街道的十字路口并不是真实可见的，是只瞟一眼通过感官感觉领会到的，除非谁偶尔从直升机上往下看见它。行人和司机获得的各种透视图允许他推断目标结构的交叉形状；但是这些局部的景观没有包含或被包含于目标的图像中，对教堂的设计具有重要地位的一些东西也是这样。当中世纪的建筑师安排教堂的设计时，其中纵向的中央广场与教堂较短的十字形的翼部相交叉，他有意在交叉的图像中创建一个建筑物；一些这个建筑物的使用者当然也很清楚这个象征性形状的意义。但是这种潜在的设计对从主入口进去的人来说并不是很明显的（图49）。这样的观者所面对的是线性景观，是一条通向祭坛圣殿的朝拜之路，祭坛位于由焦点透视创造出的通道的对应末端。

　　以那种方式理解，教堂是一条通道的建筑化身，但不是一个真实的居住地方。尽管祭坛为接受朝拜的神圣安排了位置，但是它除了为人们

图 49

提供一条通道外，并不同样地关注人们的到来。教堂的十字形翼端在这里提供了一个基本的变形。首先，因为任何交叉都表明是一个场所，所以它把建筑的通道转换成了场所。一座建筑物能够被说成是"场所"——例如，盖桥就很明显，它是一条通道——当它的基本式样占据了横向的两维，而不只是一维，建筑就有了它自己的标识。

　　这种交叉也为参加礼拜者在去往祭坛的路上建立了寓所。它创造了第二个中心，与第一个中心争夺重要性（图 50）。在基本布置中的

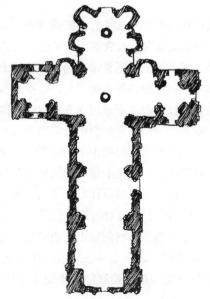

图 50

这种含混性，出现了两个竞争的中心，能够使这种十字架的布置在功能上作为满足人和神的具有高度动力的图像。当进来参加礼拜的人到达十字路口，被阻止并停在教堂十字形翼部的旁边时，他可能也发现了他正站在圆顶的下面。圆顶是天空的象征，并且本身指明了是神圣力量的寓所。祭坛代表人类那些世俗阶层，圆顶的高度也更加衬托了祭坛的遥远。然而，与此同时，圆顶当然是人的天篷，因为是人站在它的下面受到保护，因此称颂它。在这

图51
弗朗切斯科·迪乔治原画的仿制品

种关系中，可能值得指出的是弗朗切斯科·迪乔治在教堂平面图的十字架之上设计的著名人体拼图，头部是理智和感觉力量的所在，安置了唱诗区。相反这个交叉处作为圆形式样的中心，把另一个焦点建在人形的胸部——那是心脏的所在位置（图51）。

从而交叉处为参加礼拜的人标出了足够重量的建筑场所，当他在祭坛前开始深深表达敬意之前，确认了他自己的身份。当交叉处的中心被一个特殊标识强调时，像伯尔尼尼（Bernini）在圣彼得大教堂建造的巨大壁龛例子，这种清晰的特性给了第二个中心额外的重力，因此不得不承担相当大的意义。它是一种朝向高高祭坛缩小重要地位以及朝向以教堂为中心的平面图的运动。

鲁道夫·维特科夫尔（Rudolf Wittkower）注意恢复文艺复兴时期围绕中心设计教堂的流行性。这些高耸、统一、对称的建筑物用严格的单一概念取代了两个竞争中心的含混性。无论有意与否，这样做的同时，

回到了早期基督教建筑的四臂长度相等的十字架的对称形式。像我前面讨论的中心对称的广场，这些建筑物消除了线性路径和交叉的感觉，取而代之的是提供一个自足的、封闭的寓所。在一部分古典的、基督教徒的意念中，中心对称的教堂是宇宙和上帝的象征。维特科夫尔写道："为文艺复兴时期的人，建筑师用严格的几何学、和谐秩序的平衡、形式的恬静，特别是用圆顶的球面，来附和并同时展示了上帝的完美、万能、真理和仁慈。"这个评论无疑是正确的。然而，当我们思考这种历史转变，即十字架的双中心的含混性仿佛衰退为中心对称平面的简单统一性，我们可以得出结论，通过两个中心的同时存在，人类和上帝的二元性被融合为一种对两者有较多赞美的惟一力量。

内部和外部

一种视觉关系仅当对它来说双方都呈现在同一个图像里才能被直接察觉，这种图像是由物理空间观察到的结构、由照片、示意图提供的，或者它是想像中的思维图像。这种关系可能是空间上的，也可能是时间上，但是除非图像的连贯性受到保护，否则构成部分在知觉上的相互作用就不能被掌握，最多它们可能被单独地理解并且在知性上相联系。

在建筑师的作品中，没有其他空间问题比需要观看内、外部的关系（概括地说，即作为相同概念的因素）更具有特色了。在什么程度以及如何实现这种可能？这种挑战对生物学家、生理学家或工程师来说并不熟悉，但是它并不只是为画家、电影摄制者和雕塑家而存在。画家可以表现外部或内部，但是他不能在同一个图像中把同一事物的两个方面完全表现出来。电影摄制者可以用对位法把外部和内部逐一表现出来，但是只有它们之中的一个可以在任一时间以单一的图像出现在屏幕上。传统的雕塑把自己限定为制作连贯、表面闭合的物体，没有内部。在19世纪50年代，亨利·摩尔（Henry Moore）用木雕的中空容器做实验，在它的里面又放了人形的东西。这些雕塑品，使人想起了茧中的蚕蛹，这确实是设法解决里外的问题，但是对我们的目的来说，有必要认识到通过开口看里面与在里面并被边界所包围时看里面，在理论上是不同的。当一个人从外面往窗户里面看，他看见里面的办公室或卧室，是嵌在建筑物外表面凹进的东西，它们在建筑的浮雕中形成了凹形，而内部是其他的一些东西。

建筑，正如我们所知道的那样，它把两个不容易调和的任务结合在一起。一方面，它必须提供一个庇护所，保护它的居住者免受外部不受欢迎的外部力量的影响，并且给它们提供一个适意的内部环境。另一方面，它必须创造一个外部，在物质上适合于它的功能、给人留下深刻的视觉印象、有魅力或有威慑力、有教益等。在感知和实践上，外部和内部世界互相排斥，在同一时间，人们不能既在外部又在内部。然而它们的边界是直接相连，人们只需穿过一扇最薄的门就能从一个世界进入另一个世界。在建筑师描绘人类活动的场地的平面图上，在这两个世界之间做的划分只是一些线条，我们的日常活动穿梭其中，来来回回毫不费力。那么对建筑师来说最大的挑战是在（1）和（2）之间的矛盾。（1）：自发的相互排斥、自足的内部空间以及同样完善的外部世界；（2）：两者作为不可分割的人类环境部分的必要连贯性。这证明沃尔夫冈·朱克（Wolfgang Zucker）的阐释是正当的，即建造一条把内部与外部分离的边界线是建筑的原始行为。

瑞士动物学家阿道夫·波特曼（Adolf Portmann）指出，有机体内部和外部组织之间的特性差异，在内部占支配地位的是对空间的需要，"这些器官放弃了它们的对称；它们互相缠绕，如在消化道里的那样，或者像葡萄那样成串，如在肺部和肾脏里那样。每一种扩大表面的方法都被利用了，并且内部空间被最优化利用了，我们旅行时打理行囊的方式，不考虑美观或关心对任何感觉器官的影响。"外部却不遵循相同的理论，它创造对称，几何形状呈现在表面的装饰中并给外部器官以形式。在许多方面不能用实用来解释，有机体把它细节本身显现在围绕着它的空间中，暴露在阳光下。外部和内部结构之间的基本差异是明显的，例如在人体中，在外部对称的几乎被紧紧包裹在里面，只有在非常简单的有机体内，特别透明的有机体，一种组织肌理控制整个身体。

这些评论对建筑师是有启发的，尽管建筑与有机体不同——除了其他方面以外，在它们的内部还含有照明空间，通道遍布其中。然而，甚至在生物学中，这种对比没有波特曼暗示的那么极端；内部器官和结构元素不在一起缺乏美感。建筑中重要的东西是建筑的外壳并且也是在一个更为有限的范围，墙体和顶棚的内表面通过其外观给眼睛以形式并使之满意，它们承担装饰表现的元素。在建筑平面中，最清晰反映了密实装填，它趋向于表明实际需要的错综复杂的模式，并且对一般的观者来说，它比建筑的正面设计缺少可读性。

从外面看，建筑从来不是单独的，被其他建筑物、风景或未占领的空间所围绕，建筑作品的所有视觉维度——大小、形状、纹理、颜色、空间方位等都依赖它所处的环境。周围的环境决定一座建筑看起来是亮点还是一个不起眼的附属物、是大还是小、和谐的还是错乱的。然而，同时，一座建筑或复杂的建筑物从外面看起来有实体的综合完善性。从动力上讲，它置换了空间，就像一个物体置换出阿基米德浴盆中的水那样，从中心迅速扩散。

另一方面，内部是一个自己封闭的世界，甚至当屋顶的天窗露出一点天空时，我们不会真的以为那是另一个空间，而是把它看作是房屋边界一个凹进去的部分。同样，通过窗户看见的风景从本质上说是与墙体类似的背景，除非我们站在窗前，这样就使房间在视觉上进入到了外面的空间。内部能够与其他地方相比较只有通过观者的记忆或参与。他可以与他以前看到的或预计以后看见的相比较来感知它的大小和形状，但是在它的直接冲击下，内部在本质上与任何其他的东西是没有关系的。由于这个原因，它的大小趋向于惊奇地模糊并且不稳定，人们不能很好地分辨出内部空间是大还是小，那些开始看起来很大的，过会可能就缩小为正常尺寸。在某种程度上说，内部空间是深不可测的，像万神庙的内部那样，加强了它神秘的、非尘世的特征。

为了不把居住者抛在无边无际的世界里，内部对他像子宫那样围绕起来——一种可靠的或压抑的感觉。内部世界可以完全被包围起来；它是一目了然的，比外部对于尺寸以及对于人类更加密切相关，因此他的支配地位更容易受到影响。他比许多家具都要高，能够触到大部分其余的东西。为他所做并且服务于他，内部围绕它的居住者就像群臣围绕他们的国王。加斯东·巴什拉尔在评论这个主题时说道："从里面看，没有外在性，人只能被围绕着。"

因此，当内部的墙体或天顶，或者两者一起以凹形围绕的时候，它的典型特征就展示得更清晰了，因为凸面加强了图形特征，凹形边界把房间的空地规定为支配的体积。它们给予视觉表达这种事实，即在内部中，中空的实体大于物质的墙体，不禁使人想起《道德经》关于"无"的价值所说的话：

> 三十幅共一毂，当其无，有车之用。
> 埏埴以为器，当其无，有器之用。
> 凿户牖以为室，当其无，有室之用。
> 故有之以为利，无之以为用。

凹面和凸面

我在前面关于圆形广场曾讨论过，尽管空旷空间作为支配的图形，但是它并没有吞并形成它界面的正面。观者被围绕在空旷空间中，从里面看它，只是通过对周围凹形后退的建筑正面的影响，间接地感知了广场的扩张力。这种经验在圆形内部甚至更引人注目。

在万神庙中，圆顶被看作是凹面的，在地面的圆柱墙也是这样。当人们用内部空间的式样为模子做一个铸件时，这样就满足了好奇心。A·E·布林克曼（A. E. Brinckmann）为了学习的目的介绍了这个过程；但是无论它的价值如何，它当然仅仅可以慎重用于确定视觉特征或美学极好的虚空形式，在两种形状的感知特征之间常常很少有类似之处。建筑师约瑟夫·沃特森（Joseph Watterson）指出 W·L·麦克唐纳（William L. MacDonald）做的一个塑料模型，表明圣索菲亚（Hagia Sophia）大教堂内部空间作为实体的样子（图52），"作为一个实体，它是一个笨拙、球茎的形式，心智健全的建筑师都不会构思这个建筑主体。"如它所是的样子，产生的这种不和谐是因为在这个铸模中，分界面属于四周的体积，尽管它在实际的建筑中属于周围的外壳（图53），这两者形成的形状之间几乎没有类似之处。

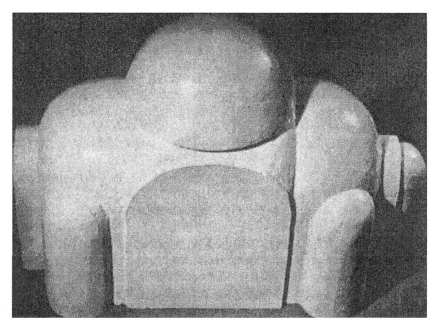

图52
早期的基督和拜占庭式建筑（选自麦克唐纳）

图 53

正像圆形广场的情况那样，内部的空旷空间可以作为人类居住者的建筑代表。在这里，居住者再一次承担了这个角色，因为他构成了矢量迅速流出的中心，并且用他的存在填充空的空间。这个空的体积被理解为人类活动中心的扩大和延展。圆顶的凹面或弧形墙壁看起来好像它们由于屈服于侵略的拥有者而获得了它们的消极形状。人们想起鸟筑巢时，鸟是栖息在里面并且把它们的身体紧紧贴在巢上。"当第一根草和茎被采集的时候"，卡尔·冯·弗里施（Karl von Frisch）在他的一本关于动物建筑的书中写道：

　　鸟伏下来并且用身体做旋转动作，这是公鸵鸟在沙漠中的沙子里做的同一种"形成杯形"动作——所不同的是，它现在所做的一切都是在筑巢。甚至在采集到一棵稻草的时候，塞尔维亚鹰也时常做着这些筑巢的动作，象征性地占领它们选择的地点。

虽然人类一般不会用他自己的身体创造一个空地来修筑他的住所，但是强烈的凹面内部仿佛是他行使一些的权力的表现。当居住者伸手能够达到房间的区域时，居住者有升高和扩展的感觉。把这与从外面走近建筑的经验相比较，在这个例子中，拥有所有高度的是建筑，人只是以其渺小的身份趋近于它。

站在罗马的万神庙中，人们感觉朝向上面圆顶的极限垂直升腾并且穿过天窗到天空中；水平的延伸是径向和离心的。在特殊的情况下，这样延伸的主轴线也能沿着水平的路径进行，当人们穿过圆筒时，这种情况就发生了，例如，通过伦敦地铁管状通道。

建筑师 S·E·拉斯穆森（Steen Eiler Rasmussen）写道，从哥特风格到文艺复兴风格的转变，包括从尖顶结构的建筑到形状优雅的龛室的结构转变，就像哥特式的柱子向各个侧面延伸成柱身群，文艺复兴的龛室由于壁龛的增加而增大；他指出布拉曼特设计的圣彼得教堂，"由连在一起的圆的、有穹顶的龛室以及在各个侧面延展的半圆形壁龛形成了最有魅力的装饰"。

布拉曼特的设计确实是一个忽视通过它们的对称和界面形状中的凹形获得图形特征的一个极端的例证（图54）。然而，同时，直立于内部的柱子或圆柱不能不抑制空阔空间里的占支配地位的图形的特征。不管它们的形状怎样，它们都有自己的紧密性和圆度。由于被固体砖石建筑所包围，它们要求一种强烈的积极功能，并且加强了对墙体、天顶和地面部分的同样要求。正像拉斯穆森说的那样，非常明显，哥特式建筑中的柱子展示的是凸起的柱身群。例如，在布尔日大教堂（Cathedral of Bourges）的地下室里，尖拱顶的龛室当然和那些任何文艺复兴的结构一样引人注目，形状优雅，它们与墩身强有力的凸面相对应（图55）。由于拱门的凹形表面不知不觉地陷入它们支柱的凸面里，就产生了固体与虚空以及进退形状的相互作用，这可以与巴洛克建筑的复杂性相提并论。

凸形界面屈从于它自己产生的力。它为扩张的空阔空间提供最大限度的自由，同时这种扩张从与界面的抗争中获得了力量。"扩张的趋势"，利普斯说，"取决于定界的大小和狭窄程度"。屈从于这样的一种扩张的同时，圆顶通过在内部空间上的封闭以及从所有侧面以吸引人的钳形运动形式挤压它而回应。这种遏制力的强度反映了它包含的扩张强度。

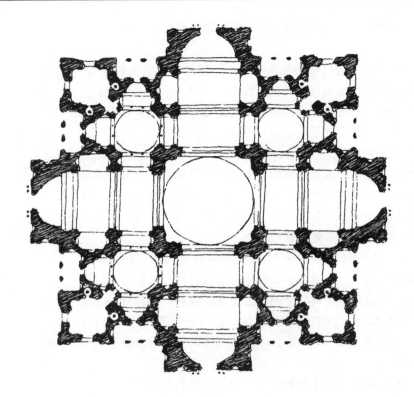

图 54

图 55

我在前面讨论过，当边界是直线或平面时，力和反作用力的对抗接近平衡。立方体的房间从它的中心扩张，但是不如圆筒形房间那么明显，它通过墙体和嵌在它们里的家具、书架、关闭的门等朝向中心前进的力而明显地保持平衡。在立方体的房间中，离心力和向心力的这种相互作用趋向于发生在低张力的水平，但是它仍然把房间在动力上的视觉大小限定为扩大或缩小的一个特定的比率。当角落被限定为只是方向改变时，立方体外壳的一致性得到加强。弗兰克·劳埃德·赖特致力于这种连贯性，他不把墙体和顶棚处理为在边界冲突或者有可能彼此切断的独立平面，而是用一个连续的"交叠的平面"代替。

相互联系的内部

我们注意到内部是一个封闭、完整的世界，只是因为人的心灵有记忆，能够把现在感知的和以前看到的形象联系起来，能够在内部和外部或者在不同的内部之间建立起一个空间背景。然而，最多这个背景含有间接性。在建筑师的总的看法中，内部是作为配合或配套而出现的。我们在这里回想起对建筑物不同楼层的全部感知以及活动经常性的机能自治。办公楼的电梯时时刻刻穿梭于这些区域，当它的门打开的时候，人们经常能够瞥见一个不同的、自足的世界，没有察觉到其他的，上层和下层同样的自治并且是非常不同的世界。

甚至在允许容易通行的水平面中，内部的自治也是强制的。它竭力地使人认识到墙体是与邻近空间分享的一个界面，在这种情况下没有引起轮廓竞争，轮廓之所以被和平分享，因为轮廓分别属于每一个内部，并且这种双重功用没有卷入视觉对抗之中，所以它没有被察觉到。给每一个房间一个合适的自治度，而要指出它在整个设计图中的位置，以及与毗邻房间的联系达到理想的程度，把这个任务留给了建筑师。

但是内部也是配套的、大的是由小的组成的。我在这里引用小说家罗伯特·穆齐尔对在富丽堂皇的办公室里的一位奥地利贵族官员所做的一段描述。

　　他被顶棚高高的房间所包围，这个房间被大而空的接待室和图书馆依次环绕，这些依次环绕被更远处寂静、虔诚、严肃的房间以及两个多彩多姿的环形楼梯一层层包裹起来；在靠近这些地方的是

车道，不朽的看门人身着厚重、有丝带的上衣，手里挂着拐杖站
着，他透过入口敞开的拱门看见一天生气勃勃的流动，行人仿佛在
金鱼缸中游过。在那两个世界的交界处是洛可可墙面，上面装饰的
是十分有趣的葡萄藤，它在艺术家中很著名，不仅是因为它的美
丽，而且因为它的高度远远大于宽度。

在这样一个概略的视阈里，每一个内部的特征和意义都被周围空间
丰富并加强。不仅整个场景处在和谐时，而且有不一致时，情况也是这
样。它展示了小区域的任一那些部分常常是剧烈的、令人震惊的狭小。
我想起了纽约市滨河大道的老式公寓大楼，它们保留了一些过去的辉
煌，入口大厅里的镀金垂花雕刻的圆柱、巨大的大理石花瓶、地毯，甚
至还有一群看门人；楼上无遮蔽的走廊，再细分的房间，它们中的一些
窗户对着狭窄通风井敞开着，透过它，一丝微光流进来。类似的布置大
量存在于宾馆、办公楼和住宅区中。它们的一些居住者看见它们在这样
的背景下，由于同情而感到哀伤；另一些被它们特殊地方的封闭以及孤
傲的完整性所吸引，并且接受了这个既成事实，而没有作适当的易引起
反感的比较。

有时讨论建筑师的观念需要，不再比一般的居民更加苛求，并且没
有好的理由来规定不应该注意什么。但是我必须指出知觉是来自于不同
层面，不都是清晰的意识，并且在任一专业里，作为道德规范和自尊的
东西，最理智的想像力必须占优势，而不考虑它多么被顾客、用户和消
费者所喜爱。

从两面看

让我们回到内部和外部之间的特殊关系问题上，并且追问从这里面
我们得出什么以及是如何得到的。当人们观看陶工在制陶轮上制作陶瓷
碗的陶坯时，人们会发现，从里面看和从外面看是不一样的。内部的空
满足了容器凹形界限的规定，在它的感知的特征上，不同于外部的向外
膨胀进入无限空间的凸起形状。然而有一个自然的一致性或者甚至是外
部和内部形状的同一性，所以如果重复圣索菲亚大教堂的实验，做一个
陶碗内部的石膏铸模，结果可能是令人不快的，并且实际上，几乎是复
制了外部的形状，它就像观看从一根旧扁钢里抽出的钢丝。

然而，不是所有的外形复制品都对内部有作用。我在其他的地方谈

及过从里面看自由女神像令人不安的经验。从物理上讲，那座巨大雕像的内外部形状都是由细钢筋支撑的骨架制成的，是完全一样的。然而从感觉上讲，内部表面呈现的是令人困惑的凹面和凸面的堆积，没有可理解的意义，并且确实没有任何与人体相似之处。那么这也是补充圣索菲亚大教堂铸模的一个例证。在其中一个例子中，当外部形状被用于内部时，它并没有起作用；在另一个例子中，用于外部的内部形状看起来是错误的。

下面要采取一个仔细的分析来确定差异的原因。可能自由女神像在里面看没有一点感觉，因为从外面看，它们是同样的混乱，可辨别的主题被不连贯地掩饰着。人脸的铸模从内部看趋向于少些令人不安，虽然它可能与照片的底片一样不可辨认。但是其他的感知因素也一定起作用，例如，圣索菲亚大教堂圆顶的内部中空不能关于大小、形状和高度直接相互比较，而它们在这个石膏铸模的体积中却能够这样做。

然而，有些建筑的例子，在它们当中，外部和内部形状之间的合拢的连贯性和那个陶碗一样美丽。在文艺复兴时期的一些建筑中，坚固的石头建筑像透明的贝壳，表达了一种可靠的透明和简单的率直。在图卢兹（Toulouse）的圣塞南教堂（St. Sernin）东端的设计中，用亨利·福西永（Henri Focillon）的话说："逐步建造起来的体积，从拱顶的小礼拜堂到穿过小礼拜堂的屋顶的顶塔尖顶，活动区、唱诗区和上面矩形主体在钟楼的其他部分"，就像它在外部那样在内部聚集（图56）。在它的复杂性更高水平上，中世纪建筑与未开发的棚屋和村舍、与被平行平面限界的墙体和屋顶分享了这种特性。作为一个现代建筑的例子，波托盖希在卡利亚里为一座剧院设计的项目可以用来引证。礼堂被一组轴线向舞台聚合的双曲线墙围成轮廓，外部围墙的凹面是通过内部的凸面如实反映出来的，类似于意大利传统剧院的包厢，它也有助于音响效果（图57）。

外部和内部之间的这种对应是否令人满意取决于对风格的偏爱。这种不加掩饰地在外观上提供信息的建筑，它的内部几乎没有隐藏空间秘密，这种建筑很少具有矫揉造作的华丽和复杂性，而这些在背离这种基本类似的建筑风格中却很常见。简单的类似也几乎不反映建筑师同时在里面和外面设计的生动抗争——两种设计典型地包括非常不同的考虑和相应的不同形状。

这个问题的一些成功解决方案在建筑的内外面之间很少提供直接的

图 56

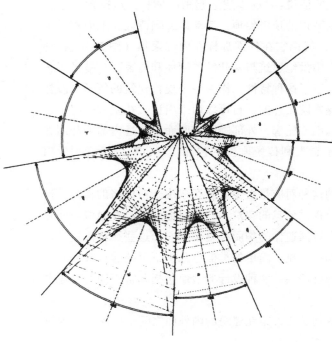

图 57
保罗·波托盖
希为卡利亚里
市设计的一个
剧院

一致性，但是同时避免令人不安的矛盾。例如，当人们发现 18 世纪英国建筑中的一座宫殿的正面遮掩了一排私人住房，或者当人们观看巴黎万神庙的纵断面，看见一个外面的圆顶骑在一个较低圆顶之上，仿佛两个建筑物互相闯入对方之中（图 58）的时候，没办法让人感觉舒服。近代的例子是悉尼歌剧院，演出大厅的传统设计绝不是仿效乔恩·伍重（Jorn Utzon）外壳的鲜明帆篷形状。

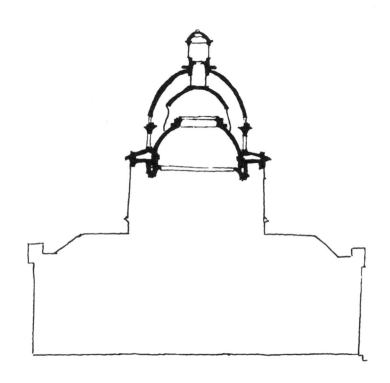

图 58

在这些例子中，不和谐的东西不是内部与外部不同，而是在它们之间没有可读关系，或者两种相同的空间陈述是以两种相互孤立的方式表现的。两个例子，一个非常简单，另一个比较复杂，都会阐明成功控制解决方案的原理。在一些近东的早期基督徒坟墓中，十字形内部被四方外形所围绕，其外部建筑是立方体形式（图 59）。虽然没有办法猜测这个立方体掩藏在十字形内部，但是这两个形状完美地彼此相关，外部是由内部在角落增加四个方形室而形成的。始于建筑观念的内部形状，是由简单的几何图形经过扩充而成的。外观和内部平面图的不同要求毫无矛盾地协调起来。

另一个具有挑战性的例子可以在朗香（Ronchamp）由勒·柯布西

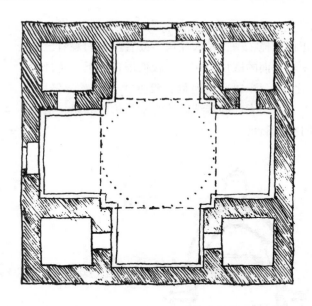

图 59

耶设计的高地圣母教堂（Notre-Dame du Haut）中看到。尽管这座小建筑是由相当有限的形状组成的，但是它的形式是建筑中最难捉摸的形式之一。简单地说，它的设计基本主题是利用了一个长方形结构上的挑战性，这个长方形围绕它的一个对角线获得了一个补充的对称。当人们从东南部观看这座教堂的时候，屋顶和墙体的规模巨大的弧线使人联想起在小山顶上昂起舰首的轮船（图60）。然而内部几乎是一个长方形，虽然房间向在东面的祭坛墙方向扩展，但是人们在内部从西墙观看的时候，这种分歧被焦点透视抵消了（图61）。只依据它的平面图几乎不可能探讨这个不寻常的三维建筑，但是对我来说，内部相对稳定的长方形和外部边缘鲜明动力之间的经过雕琢的不定性，创造了内外部完美的统一，尽管不容易被察觉。

也可以把勒·柯布西耶设计的小礼拜堂屋顶与我前面说过的巴黎万神庙圆顶相比较。这个小礼拜堂盖着两个细的、弧形的外壳，一个形成了屋顶，另一个形成了内部的天顶。在它们之间有直径约两米的净空，但是这两个表面没有导致功能的对立性重复，就像苏弗洛（Soufflot）设计的万神庙的内外圆顶那样。它们合起来就像爱博·伯尔－瑞达特（Abbé Bolle-Reddat）称作的"双壳"雕塑统一体。

罗伯特·文丘里（Robert Venturi）在关于内部和外部内容丰富的一章中，令人遗憾地专注于对立可以弥补成功关系这个主题时写到：

　　设计从内部到外部和外部到内部一样，都创造了必要的张力，

图 60
朗香的高地圣
母教堂（照片：
John Gay）

这帮助了建筑的形成。因为内部与外部不同，墙体——变化的
点——成了建筑的事情。建筑在使用和空间的内部和外部的力量相
遇时产生了……作为内外部墙体之间的建筑成为这种变化及其戏剧
效果的空间记录。

　　这种倾向于建筑动力的描述暗示了两种最终的讨论，一个是心理学
上的，另一个是美学上的。

　　我们的例子已经表明了，观者观看一个实际的建筑物时，绝不能在
同一个视野里看见它的外部和内部，只可能瞥见它们之间的直接关系。
通过纵剖面和横剖面的各种方式，这些可以呈现在设计的图纸上或者在

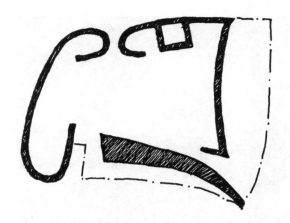

图 61

精神的想像中显现。然而这样的剖面只能接近总体关系，无论物体的复杂程度如何，作为完整统一的真正内部和外部的完善概念可能在人类的任何想像力之外。

　　然而这种局限性毕竟不是罕见的，在艺术、科学、工程等的复杂结构的创造和理解中处处可见。人们通过用各种方法深入到结构中，或者通过斟酌彼此之间的有效关系，从而尽可能地达到对整体的概括掌握。经验表明，这种洞察力的积累非常有利于使结构结合在一起，即使它的情况完全超出人类掌握。近似的掌握也可能有信心在真正的整体结构和其他不是真正的整体结构之间做出区分。

　　在美学上，我们断定建筑作品的概念和正确评价不是限定在视野所感知的东西里。下一章将指出没有三维的物体真正满足这样严格的知觉标准。但是，心灵能够形成物体的综合视觉概念并且把它传递给统一和整体的需要。在建筑中，仅当我们论及承载意义的作品，其内部和外部融合在一个完整视觉里时，它才能被理解为整体。

第四章　所见与所是

眼睛在任何时间从固定的一点都不能把三维物体作为一个视觉图像完全记录下来。之所以这样，是因为视觉图像是一个二维的投影，它在任何一个地方只能绘制物体的一个点。当一条直线遇到一个三维固体时，在它的外表面上至少有两点，在前面和后面。由于我们视觉器官的局限性，如果人类的心智想要把一个三维的物体作为一个整体来把握，它必须超越从各个角度接收信息的限度。

感知实体

值得庆幸的是，视觉感知和想像并没有局限于视觉图像所依赖的范围。视力感官不是机械记录的器具。它组织、完善、合成在特定视觉图像中发现的结构，图 62a 表明了在一个物体的可视部分充分展现了足够强的结构部分———一个球或柱的可视部分———这个物体将自动被看成一个整体。当物体隐藏的部分不是以最简单、最常见的方式完成它的形式时，这种感知趋势就会被误导（图 62b）。

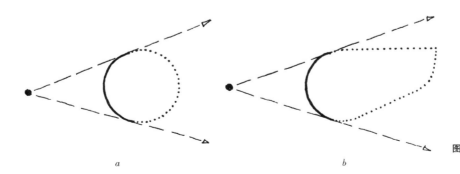

图 62

a　　　　　　　　　　　　　　　*b*

　　另外，视觉体验不是简单地被限制在物体的一个方面。我们在环境里走来走去的过程中，是从不同的视点看东西。我们可以故意改变我们的位置以便获得更为全面的图像。一件雕塑品只有当人们围绕它走时才能看清楚，对建筑来说也是这样。由于观看的多样性，心灵把雕塑的形象或建筑的客观三维形式合成起来。合成得以形成得益于这些不同的图像并不是不相关的，可能来自于一个人努力形成一个建筑思想的一系列照片。在一定程度上，当观者围绕物体走动，或物体在他眼前转动时，他接收到了投影慢慢变化的有序序列，这种序列的一致性大大地促进了对涉及所有特定图像物体的识别。

　　虽然如此，从离散的图像中得到客观形状的形象是心灵的一个非凡成就。许多人可以比较精确画出一个完整的立方体，尽管一次最多只能看见立方体的三个面。这样的一个精神上的想像必定是由部分图案得到的，这些图案没有一个包含在对称、规则的立方体的"客观的"形状中。这种客观的想像不是在任何从物质实体得出的投影图案所得到的。

　　因此，建筑作品是这样的一个物体，从来没有也永远不会让任何人把它全部看见。它是或多或少地把部分图案合成起来的一种精神想像，得到那个想像的难易程度取决于建筑师所使用的形式。保罗·弗兰克尔（Paul Frankl）曾在区分 1420 年至 1550 年间的建筑风格与其后的建筑风格中指出过这种差异，他说："从令人惊讶的几个点看建筑，对我们来说足够得到完整的建筑想像"，这种想像是相同的，不管从什么角度来看建筑，它都符合"实际形式"。

投影变形

　　建筑要成为独立的投影变形，它必须满足两个知觉条件，它的客观形状和它们之间的关系必须充分简单；光学投影所强加给它的失真体系必须从客观形状中充分分离出来。从一条略微倾斜的线看看佛罗伦萨的圣米尼阿托教堂（San Miniato al Monte）的正面（图 63），虽然这个倾斜的投影不仅使它作为整体设计的尺寸、角度和比例而且也使它的部分发生了变形，但是我们毫不费力地看出平静的对称。之所以这样，是因为它的正面基本上是水平的，并含有许多不间断的水平线。这些客观平行线的变形慢慢移入一个与透视法趋于一致的简单射线家族中，非常清晰显现出来，并且它很容易与实际形状中分开，这些实际形状本身非常简单。透视失真的分离在它们客观的简单和对称中保留了矩形、圆形、拱形。同样，外观整体的对称和五个相同拱架的情况也是如此。这种对应是如此强烈以至于相应的元素被自然地看作在大小和形状上完全相等。这里的决定性的条件不是诺伯格-舒尔茨所说的相似元素的重复，而是形状的简单和对称以及它们的整个组织。按数字顺序的元素重复不是必要条件，它只帮助强调相应、斜度以及由透视失真遮蔽的视觉简单构成的其他方面。

图 63

然而我们没有必要抓住理性的二分法不放，它曾指导了许多艺术家和心理学家的思想。根据那个观点，有两种不同的看待世界的基本方法，其一，它被看作"如它所是"，就是完全忽视透视失真、完全忽视视觉场的界限以及视觉的相似条件。或者所有这些条件被明确认为是必要的，例如为了使绘画或构图透视正确。实际上，没有这种激进的情况存在感觉中，一方面，投影形象的影响从来没有被排除出去；另一方面，没有艺术家曾经看见过所画的那种投影形象，即完全平整、带有所有变形、边界线等的全部呈现。其实，实际所看见的是部分改正的和部分变形的中间版本。

每次人们通过正门进入一个传统教堂的时候，一个显著的例子总要显示出来（图 49）。人们第一眼看见的可能就是被拉长的、由与地面等距离的拱顶所加的顶盖和由大小和高度相同的柱子和拱形所支持的中堂。然而，自相矛盾的是，同时人们可能由于所有的直角都朝向祭坛消失的一个点的强有力的聚合而感到震撼。这种情况很含混，由于因人不同而略有不同，原因就是很少有人用他们的眼睛真正去看他们所见的东西。相反，大多数人依赖一点信息，对他们来说足够用来得到这种情况的"标准"形象。虽然这样，尽管没有意识到它，他们也可能对朝向祭坛的投影聚合留下深刻印象并被它所引导。

较为有意识地察觉这种聚合的一些人可能坚持他们所见的柱子和拱形在大小和在平行的一排排中的安排是相同的。反之，另一些人则不能使他们自己随着距离的增加而整体内部实际缩小和收敛的影响中摆脱出来。前者类型的观者看见没有变形的建筑，取决于我曾称为金字塔空间的体验；其他人看见了受变形影响的建筑本身。

在教堂内部的实例中，变形特别强烈，因为透视对称与建筑对称相符，因此不能像在圣米尼阿托教堂斜视中的那样容易被分开。在这种情况下，建筑师或舞台设计师通过偏离建筑的规则形状加强或消除透视是切实可行的。一个著名的例子是伯尔尼尼设计的梵蒂冈教皇接待厅大阶梯（Scala Regia），楼梯的柱廊和拱顶在尺寸上变小，因此传达出一种背景很深的错觉。

在更为普通的意义上，我们可以用实例描述这些透视效果。在这些实例中，观者对客观特定位置所反应出来的视觉属性源自于他自己的位置和视野。马克斯·韦特海默在他的演讲中，为了阐明在以自我为中心的景色和考虑客观位置性质的景色之间的差异时，曾用过一个关于空间方向的简单例子。一个站在长方形屋子里的人面对由实体箭头（图64a）所指示的方向，他意识到对于占优势的客观地点，他被指示的方向是斜着的。这种不和谐引进了一种张力，如果这个人改变他的位置使自己与这个长方形的两个结构轴线之一相一致，那么张力减小。但是一个人坚持他自己的方向是这个地点的中心轴，认为墙是斜的，墙角是由于偏离空间框架产生的，这在理论上讲也是可能的。在这里，张力也将创造不和谐，但是在这个例子中，减小压力的办法将是墙体符合居住者的位置（图64b）。

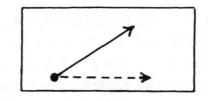

a

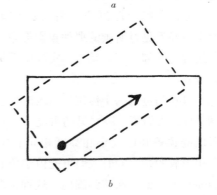

b　　　　　　　　图64

在这个简单立方体房间的例子中，它能够使一个几乎是病态的以自我为中心的人感觉到是房间与他不合拍，而不是他与房间不合拍。这种视觉情况如此鲜明以至于想忽视它的空间要求简直不可能。然而，建筑布局经常给房间留下不只一种状态，拉斯穆森在他的《体验建筑》(Experiencing Architecture) 一书中，为艺术史学家布林克曼观看诺丁根(Nördlingen) 这座古老小城的方式进行了辩护，即仿佛小城是一幅画或从一个固定点拍摄的照片。根据布林克曼的观点，这种老城，围绕中心教堂聚集，形成一个不规则散布的街区网，没有对观者描绘一个景点，不像凡尔赛宫花园或罗马的西班牙大阶梯那样，一个人为了正确看清这个地方，他需要把每一处街景解释为偶然性的透视，而不要企图在它的构成中排除任何其他的透视。

阿里阿德涅线团

古老的欧洲城市，非常像自然风景那样，与其说是按计划还不如说是自然发展起来的，布局非常合适，流连其中是一种享受。人们可以解释并且享受意想不到的连续街景的体验。在它们的变化中和没有辨别全面顺序的地图的预先确定的情况下享受刺激。这样的环境在构造的本质上胜于设计；它由它的同质性而结合在一起，由于整体结构的决定，它拒绝给任何元素分配特殊空间。不是竭力在整体中发现一个客观秩序并且在那个秩序中分配给个体风景以合适的位置，而是心灵从这种环境中得到自己的一个秩序。它记录线性连续风景，或多或少不可预测地展开，就像在电影中一样。这种体验的情况在传统日本所谓的漫步花园中是故意创造出来的。

在"生长"的场景中，客观的顺序总是部分的，这种村庄和城镇是由于逻辑上大的连续历史事件形成的。就像在地理风景中，规则结构与各种特殊自然力所产生的偶然事件相互作用。每个人都知道这种环境的释放和刺激作用，为了改善城市的生活，城市设计师已经想尽了一切办法。

然而，漫步风景之中寻求感官快乐与穿过风景寻找道路到达特定地点之间的人存在着差异。在后者的例子中，只是不连贯的风景顺序，不提供任何导向，至少人们不得不在暂时正确的秩序中建立起一套地标。对需要更有效方向的人来说，他竭力得到一张全面地图，它能够指明环境条件和相互关系、选择方案、距离等。对城市的环境来说也是这样，如果一个人想在诺丁根居住和工作，他最好用适当的位置和空间关系的深思熟虑构造代替最初印象的快乐万花筒。凯文·林奇已经表明，在城市中，这种方向容易还是困难依赖于它的物质模式和个人掌握结构特性的能力，他也描述了对城市模式保持沉默的城市居民的绝望。

这种环境的真实性对个体建筑来说是绝对必要的，建筑是人类居住方式和产品之一，从某种原因上讲，为身心提供组织形式。因此历史学家保罗·弗兰克尔一定在理论上犯了错误，他断言从 16 世纪中期以来，建筑不再表现一个一致的形象，而是加起来不能成为整体的部分形象的多样性。他说观者得到的第一印象是："不稳定的、瞬间的、偶然性的，从第二、三个视点看，这个建筑变成了不是我们所期望的东西，并且我们已经看到的现在似乎完全不同了。"当一个人不能理解一个建筑布局时，他就有这种体验；但是如果这种困惑持续存在，人们有可能怀疑是建筑师的错误。这只是建筑设计的一种类型，把建筑体验转化进一种令人惊奇、不合理的顺序中，那就是迷宫。但是由心理学家为实验老鼠所建的迷宫是想让老鼠最终至少理解到这种程度，即从入口到最后获得奖赏的路径是有一个依次的顺序。

偶尔在电影中曾试图阐明穿过一个建筑物的建筑体验。一个连续的镜头可能带领穿过走廊、房间，沿着廊台，环绕着墙壁，横穿大厅。但是由于屏幕上的形象被限定到实际空间的一个小部分，并且观众不能在里面体验到与照相机路径一致的运动感觉，所以电影几乎不能合理传达出建筑整体形式的完美思想。这种效果在它的自身之中很有趣，但是它在建筑和观者之间绝对不能复制出我们称为建筑体验的相互作用。那种相互作用发生在建筑在空间的永恒存在和观者进入、横越和使用的时间跳跃的事件之间。在电影中，这种相互作用被减弱到参观的事件，并且只是观者的视点把构造的不变量有秩序地结合起来。这两种相互作用只有一个被剩下来，即由照相机描绘的以旅游为特征的一组印象。

弗兰克尔没有否定他所描绘的建筑——基本上是巴洛克风格的那些建筑——有它们自己明确形式，但是他相信这种形式的揭露只是痴迷的专家所做的艰苦、详细记录的结果。这些专家步测建筑、调查每一个细节、并且在每个角落后面凝视。据说一般的观者知道他印象的多样性是"由不变的某些东西产生的，但是这种不变只是科学的兴趣。了解它只是艺术教育的缘故；变化的印象只是在艺术上有价值。"如果真是这样，我们将面对事物的特殊状态，即在每个非常成功的巴洛克建筑中，那些显著的精心控制、美丽的对称、对应秩序以及等级分类中，就没有什么功能不被看出来。另外，这样的秩序将不可能是获得它们打算产生万花筒似的各种形象的最充分方式。

深度感的阅读

　　在提出另一个可选择的描述之前，我将进一步通过一对例子来阐明把透视效果归于人们自己的主观视野和把它们归于物体自身之间的区别。林奇曾经评论过，因为佛罗伦萨的圆顶和钟楼提供了一种不同的结合，依赖于它们被观看的方向。通过观看这两种地标，人们可以决定他自己的位置和方向。有时看见钟楼在圆顶的右面，有时在左面，有时一个被另一个遮挡住一部分（图65）。把这些地标用于确定方向，推测观者没有把它们的位置确确实实弄清楚。而且这种情景一定被理解为在他自己和建筑结合体之间相互作用的结果，是观者从围绕建筑走过的体验中提纯的客观不变的性质。

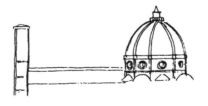

图 65

　　要得到这样的理解，人们必须从给定的特定情景的强制形象中使自己解脱出来，就像在许多同样具有可能性和根据性的一个偶然事件。这需要精神的灵活性，需要训练。心理学家让·皮亚杰（Jean Piaget）曾经用一组山脉的小硬纸板模型测试儿童的预测能力，当从一个位置而不是他们自己的位置观看，预测这一群东西看起来像什么（图66）。他发现在幼童间差别很小，或者在他们自己的视点和其他的观者的视点之间根本没有差别。大约7~9岁的儿童能够理解在其他观者的位置不同变化的某种关系。但是只有9~10岁的儿童才能把在所有视点所见的全面结合起来。

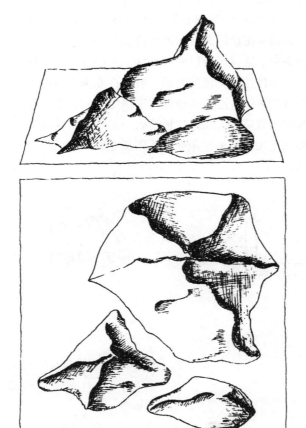

图 66
让·皮亚杰原作的仿制品

从评估可视物体的不变性中辨别出偶然并且用特定的透视确定某人位置的方法的能力，是实际辨别方向必不可少的。与画家和摄影师可以采用一组实实在在的物体，并且从中得到有用的象征阐释的态度所服务的目的非常不同。绘画的态度，或更近乎电影制作人的态度，被马塞尔·普鲁斯特（Marcel Proust）在文学中采用了，在著名的三个钟楼的事件中，当挨着教练坐着的那个男孩在郊游中看着它们的时候，它们的相对位置发生了改变。米歇尔·布托尔（Michel Butor）在关于普鲁斯特的一篇论文中指出，我们被再现一个自由的空间符号，它们是从固定的时间距离中解放出来的。这使解说员通过他的回忆而使自由表演成为可能，"这三个钟楼从它们每天被奴役中解脱出来，仿佛它们已经变成了鸟"。

对一位建筑师来说，把他的建筑放在自然风景或都市中的具体环境条件中考虑是很正常的。在这些风景中，建筑将会把本该在不同透视里提供的不同方面展现出来并被清楚地察觉到。但是似乎可以说，在想像的这些景观中，建筑师并没有把他的建筑的个体景色作为单独视野的图画限定到某一方面去表现。他设想它们与其他可能的景色、与这个建筑的形状等相关。他期待这个建筑被看作是它所是，并且他认为一个特定的深度感只是作为建筑不变特性的一个特殊观点而提出的。实际上，他将保持这种特殊的视图，仅为了说明建筑和它的位置在客观场景中被清晰察觉到的它们所是的样子是有道理的。

正像建筑经常在舞台或电影中所呈现的那样，建筑变成一个瞬间形象或许多这样的形象的辅助性东西，这是与建筑的本性相背的。不同的原因是舞台或电影形象只是为视觉感官并为一个特定的视点所做的，而建筑师所创造的是被用于三维空间为物理目的所做的。建筑的视觉感知方式必须为建筑的方向、居住等这些物理目的提供服务，像我以后所要表明的，甚至它纯粹的表现性质必须与这些功能相符。

正因为这个原因，很有必要对弗兰克尔所评论的巴洛克和类似类型的特征进行重新阐释。如果我没错，这些建筑不仅为永远变化的形象提供令人眼花缭乱的景象，它们还有更令人感兴趣的目的。它试图使观者通往建筑主题复杂化，因此使建筑的基本意义变得复杂起来。这种趋势在可比较风格的阶段类似于其他艺术中的处理方法。像勃鲁盖尔（Brueghel）或廷托雷托（Tintoretto）这样的画家经常通过把它移回背景中，使之远离注意的中心，从而将绘画的主要主题隐藏起来。他们通过次项的突出特写把它表现为小巧并且具有超强力量。也可以比较的是莎士比亚给观众介绍他小说的核心内容所用的迂回方法。在所有这些例子中，引领观众到达事件中心的路径都被障碍所困扰，由需要被理解的结构和提供给感觉的外观之间的差异所创造的张力是作品的基本性质。

因此，当建筑师选择高度复杂的形状时，他需要很困难地观察。他这样做的目的不可能是为了让观众迷失在迷宫里。而且，他用这样的一种方式组织他的建筑，就是基本结构是潜在可见的，但它必须从细心的探讨中解脱出来。图67试图通过两种细节来说明这种差异，其中之一简单且容易观察，另一个把基本形状修饰得复杂了。然而，它们当中任一个既没有隐藏也没有使之变形。

一个相似的音乐例子可以使这个观点更加清晰（图68）。巴洛克音乐家被期望精心描述作曲家所写的清晰旋律线。我复制了 F·杰米尼亚尼（Francesco Geminiani）的一首奏鸣曲作为例子，表明这位独奏者在演奏完上面整齐的五线谱旋律后，如何在一个经过修饰的形式里重复了它（它的例子在第二个五线谱里给出了）。人们观察到颤音的使用，使一个稳定的音调转变为一个相邻的音调，因此把一个清晰的音高标准转换成游移不定的音，此时呈现的特殊旋律音调由于先来音或迟来音使之模糊不清。一个音程的简单向下音级被精心制作成四个或

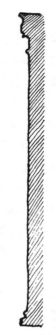

图67

五个音节一串，除了下降外，还包括一个小的向上的运动，相同的原理丰富了整体的旋律线。通过切分法等使旋律的简单节奏复杂了。旋律没有被隐藏起来，因为这将使演奏的每一个音符无效，而通过修饰过的复杂装饰音在它的原始简化中得以产生。

图68

巴洛克建筑的特殊风格实现了这种相同的功能。外观的正面必须在视觉上从卷曲和倾斜的元素中提取出来，这些卷曲和倾斜的元素是从各个方向的平面中分离出来的。直角处的卷曲，用于逐渐改变方向，它没有突然转向那样容易理解。飞檐、柱头、凸出、螺旋盘绕使支撑的垂直性复杂化。有时两种不同形状结合起来用于同一功能，例如，门口处加上一个三角楣饰的顶，并雕刻上一个拱。建筑平面上的凸起引起冲突并被另一处的凹陷对位补偿。为了取代固定一致的高度，运用了一排通过

某种高低单元的转换而创造的视觉颤音。中断的形状要求完整，并且透视的重叠侵犯了彼此的完整性。

模型和尺寸

我已经用一定的篇幅描述了巴洛克原理，因为它显著地阐明了我在这里要探讨的普遍问题，即客观的建筑形式和它特定的外观之间的关系。我前面指出过，建筑像其他三维物体一样，绝对不能完全被看见，看见的只是其投影的变形方面。不仅完整的结构，而且在建筑师心中的构想也是这样，因为没有成为一个整体的概观，他就不能构思他的设计，所以他需要求助于小的模型进行工作。

毫无疑问，建筑师必须具有一定精神上的想像。如果从街道趋向建筑或从建筑内部看，建筑实际会是什么样子。但是许多实际构形必须通过整个建筑的模型来进行，精神上的想像迟早要被建在工作室里的小型模型所支持（图69）。这些模型在视阈里很容易理解，比建成的结构更容易观察。克劳德·莱维-斯特劳斯（Claude Lévi-Strauss）谈到艺术家使绘画和雕塑比它们所再现的事物小这个习惯时，说缩小似乎是颠覆认识的过程：观者通常不是开始于部分，而是首先对整体进行理解。其实观者通常尽力克服把大的物体分成部分的阻力，比例缩小颠覆了这种情况：

> 物体的体积越小，它就越不令人敬畏；它数量上缩小，性质上似乎就简化。更明确地说，这种数量的转换提高了我们掌握事物类似物的能力并使之多样化。凭借事物的本身就能把握它，放在手里就能知道重量，看一眼就能理解。

莱维-斯特劳斯的论断被最近关于处理精神想像能力的实验研究所证实。实验已经表明，不仅空间关系，诸如大小的对比可以从三维思想模型中"很快地读出"，而且常人也有这种能力，根据需要，他能够将这些模型既可以在正平面也可以在深度上旋转。在想像的趋向中能明白的当然就是细节越少概括越强。尽管如此，处理精神想像还是与用手操作模型具有显著相似之处。

使用模型的益处是明显的。然而为了避免被误导，建筑师必须牢记，他最终的劳动产品被小的生物使用并看起来是一个巨大的结构。在

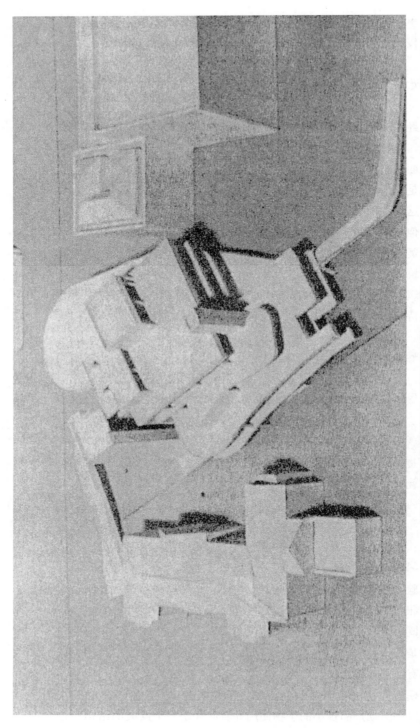

图69 勒·柯布西耶设计的卡彭特视觉艺术中心（照片：Todd Stuart）

小模型和实际建筑物之间的差异可能会导致心理的差异，在此很值得阐明。为此目的，我将借用物理和自然科学告诉我们关于异速生长的相似之处，就是说，关于形状在尺寸上的独立和确保尺寸在功能方面的效果。彼得·史蒂文斯（Peter Stevens）写道："绝对的尺寸决定了狮子永远也不能飞，知更鸟永远不能翱翔。"下面我将依照这个主题进行阐释。

异速生长源自于这种事实，几何学上，一个大体积的物体与它的表面关系大于小物体与它表面的关系；更确切地说，表面是按线性维度的平方增大的，而体积是按立方增大的。在数学这种无重力空间里，这样的一种转换没有什么区别，但是如果它发生在物质世界里，在永恒重力吸引的影响下，这种区别至关紧要。在一定程度上，体积增大意味着重量增大，重量和形状之间的关系是随着尺寸改变而变化。

在感知清晰的心理世界里，类似差异的恒常性因素是人和他居住场所之间在尺寸上的不平衡。人类这种动物相对较小并且囿于地上，并且因为他运动相应较慢，所以他为自己所建造的环境的轨迹距离都很小。与物体的距离越短，视角越大，这决定了眼睛所接收的图像的大小。因此，在一个压缩的环境里，一座建筑或建筑之间的空间相对小的部分填充了视野中一个很大面积，在扫描运动中，只有眼睛和头来回转动才可以观察。

这种合成的视觉体验与观看小模型产生的视觉体验有本质的不同。例如，模型的窗户之间的间隔可以很容易被眼睛连接起来，窗户和间隔之间的有节奏的转换会产生了深刻的印象，因为水平的一排是被作为一个整体进行观看的（图70）。然而，当从近处看实际建筑时，窗户之间

图70

的距离看起来如此大以至于这种视觉单元的转换不能察觉到了。同样，建筑的高低部分之间的有意对应可能在小的模型中很明显，但在街道上却观察不到。勒·柯布西耶设计的卡彭特视觉艺术中心的前视图，展现一个含有工作室的鼓状物，紧挨着它的是含有楼梯的直立的立方体，这两个通过一个通道彼此分离，在顶层又合起来。当每天看见这座建筑的学生被要求从记忆中把它画出时，相当多的学生画出的是两个分离的单元，鼓状物和立方体之间完全成了空的。另一相似却更为极端的现象来源于市民们观看高高耸立的建筑物，走着经过帝国大厦的人没有注意到巨大的怪物从远处看是高耸于其邻居屋顶之上的。

从异速生长上讲，小的立方体相对不受重力的吸引，它可以像通过手指轻轻弹火柴盒一样移动。在感知上，一个小模型看起来也很轻，可能不能充分固定到地面上。建筑师可能受到吸引从而去加强这种联系。然而实际建筑的视觉重量可能就是人们确定无疑看见的那种向下压的力量，与此相关的是史蒂文斯的观察报告，一个圆形建筑，例如巴克敏斯特·富勒（Buckminster Fuller）为 1967 年蒙特利尔世界博览会设计的美国剧院比放在地上的小球受到更多的重力。这也是真实的视觉，当球体非常大的时候，形状的对称与空间场的不对称之间的冲突更加明显。

与人的尺寸相比，当然实际的建筑大的不得了。而且它的尺寸越大，内部的体积和创造它的部分之间的视觉差也越大。随着尺寸的增加，建筑的外壳看起来越不结实，尽管它的体积是按比例扩大的。大房间的墙体看起来很薄，履行遮蔽外面的功能越发使人不相信，因为它们特殊的视觉密度随着尺寸（增大）而变小了。史蒂文斯指出一滴水的表面张力可以如此晶莹地结合在一起，"如果水的体积太大，小的表皮将会胀破，所以体积必须与表面强度保持等量。"视觉上也是这样，一面墙的构造随着面积的增加需要给予更多的实体，如果少了，在巨大的空虚的空间的冲击下似乎会胀破。

顶棚也是这样。史蒂文斯举了架在两个柱子之间的梁的例子，从物理上讲，如果它做得过长，会在自身的重力下折断。顶棚的中心也面临这种情况，如果距离支撑墙太远，不管实际情况怎么样，看起来也相应地不坚固。

支撑笨重建筑体积的墩柱比在小模型中显得纤细，尽管墩柱按比例进行了加粗。如果把昆虫和大象画成同样大小的图片进行比较，昆虫的腿看起来非常纤细，而大象的腿则十分笨拙，在自然界里这种差别看起来不那么明显。

虽然围着大的内部空间的墙体可能看起来不坚固，它们也可能看起来更紧缩，因为体积比表面增长得快。如果罗马万神庙的墙壁小一些会把我们围得更紧。这似乎是矛盾的，因为小的空间更加强烈地限制我们的运动。但是正像我在下一章要尽力表明的那样，视觉空间和产生运动的空间通常不产生相似的感知效果。就像生物细胞基本都是以相同尺寸出现，而无论动物大小，所以人类的居住空间就有一个最佳尺寸：如果太大，边界可能看起来不太坚固、没有界限，甚至在过分宽阔的内部空间里会感到孤独和凄凉；如果太小，边界变得无法观看，而且行动的空间被压缩了。无须多说，这些纯粹的感知因素与源自于这个空间的功能和意义的条件相互作用，这个小的内部空间是一个书房还是一个牢笼？这个大的内部空间是一个礼堂还是自命不凡的私人饭厅？

图像的范围

让我们再回到人和他的房屋之间大小的不协调上。当一座建筑从不同的距离，既能作为一个整体，又能看为各个部分时，在纯粹的视觉感里，这将会产生障碍。而且，因为建筑不仅是一个需要思考的物体，而且还是人类环境的一部分，人在这个环境中要与建筑相互作用，人必须将自己和建筑整合在感知的连续统一体中。两者之间在尺寸上既已存在的差异如何能够解决呢？

什么时候我们可以把一个物体称作是能够观察的？从纯粹视觉感官上讲，就是当物体的整体适合视域时条件得以满足。因为我们处理投影图像时，它的大小依赖物体可视部分所占的物理区域与观看距离之间的关系。人类视力可达到的范围在任一时刻大约都是水平方向的一个半圆。在人的头上的两眼向前直视并互相补充被另一只眼睛鼻侧妨碍的区域。就像图71所表明的，每一只眼睛大约覆盖145°角，这大约产生了110°角的中心重叠，双眼视力都能看到。在垂直方向，当然两种区域不能互相补充。垂直所见的角度大约是110°，眼睛水平线上约45°，下面约65°。

视野的广度与视觉体验密切相关，就像举手之劳那样容易验证。当位于背景中心的部分似乎被限制的时

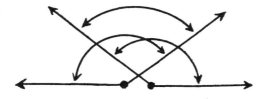

图71

候，空间不再围绕观者，而是看起来像他前面的一幅画。就像人在观看一幅照片或照相机里加了框的图像。然而，我们必须立即给受限制的敏锐视力增加一个约 1°的小角度，所以为了正确察觉，即使是最小的图像也必须被眼睛的运动所扫视。它忠实地把视力限定在一个区域，无需转头的帮助，眼睛就能将那个区域舒适地一览无余。

绘画需要这样全面的视野，因为图像的每一部分都看作与整体相关。H·梅尔廷斯（H. Maertens）已经证实从一幅绘画的长边的两倍距离，整幅画可以很舒适地以对向约 27°角进行观赏。这样的距离和大小，视野的范围包括绘画的边界，被眼睛注视的任何部分都被看作是位于整体中它自己的位置上。对于处于次要地位的其他方面，诸如方向、形状、大小、颜色也将在总体构成的背景中被看见。似乎这样断言很安全，就是除非在这个范围内总体的视觉模式是全面的，否则它不能被看见并判定为是一个相互作用的整体。

能够完整观察视觉图像的首要条件，不仅是视野内物体被限定的范围，而且也是这种事实：只要头保持不动且只有眼睛转动，察觉到的图像也是静止不动的。在眼睛视网膜上的投影图像置换所做的补偿，是从控制眼睛肌肉的运动冲动到控制大脑中心的信息传达的反馈，然而只要观者的头一移动，视场就被看作是向相反方向移动，可能因为在这种情况下，眼睛作为被动的乘客由头的运动所一起承载。

另外，只要眼睛在眼窝里移动并在空间里保持相同位置，与观者距离不同的物体彼此保持恒定关系。但是当头移动时，眼睛转移了，投影关系转变了；例如，人们看到外面的风景与窗户框架的移动有关。同样，视场的分界线被看作是与视场内所含物体被置换有关。当人们看电影时，同样的事情发生了，并且为什么头的运动效果类似于在电影屏幕上当摄影机旋转或倾斜时所观察到的运动，这也是一个原因。然而，这种效果不等同于世界似乎真的在围绕这个痛苦的人在转，使他产生眩晕欲吐的经验。

由头的移动所产生的图像的置换似乎足够引起与感知的持续存在的图像本身同时发生冲突。当我移动头时，我所见的与我刚才所见的不同，并且这两种所见不能使同一事物的各个部分整合起来，就像只是眼睛移动时那样令人信服。作为与观看小的建筑模型或图片的对照，当人观看建筑物时，头的移动更加普遍。大多数时候，观者远没有从 27°的最佳角度公正地注视中获得足够的帮助。通常垂直的角度更接近眼睛水平线以上约 45°角，就是这种情况，当观者离建筑物的距离等于它高度的时候。

在这种情况下，眼睛扫过建筑物体验了一种不是统一图像的顺序。这一定阻止了观者把建筑真正作为一个整体来看——这个条件对大多数绘画构思来说是至关重要的，但对大多数建筑来说却不是。建筑的任何部分的视觉结构都比绝大多数绘画趋于简化。它满足几个基本形状和规范的单元，诸如窗户和柱子，经常排列成行，这不仅使顺序观看更可接受，而且几乎是引导它。而且，建筑是三维的固体，不是用来从一个固定点盯着看的，而是作为绕着它的墙展开的一种顺序的体验，这似乎与它外观的任一相同的有序观察相一致，区别于绘画静态的同时发生。

当我们采用头的运动观察建筑时，我们使之运动，因此能得出事件的性质，而不是只把它当作静止的物体来看待。因为移动头比在静止头上的眼球只是扫视更具有物质性的活动，头部运动的扫视并不只是静态注视的延伸，而是把对建筑的观看作为我们身体日常活动的一部分。观看的这种活动模式，使建筑不是使我们停下来观看的东西，而是当我们忙于我们的工作时使我们变得更加清醒的东西。

有其他原因使建筑有序观看不受欢迎。当一个人不得不抬起头观察一个大的物体时，他在运动的行为中证实面对宏伟高度的视觉体验。这对展示纪念性建筑的优势很有用处，当观者的眼睛好像向上爬升，在一种朝圣中从他们与自己齐平处向上一直升到屋顶或塔顶的最高形状里，"我将把我的眼睛提高到小山上，从那里得到帮助"。

当被视力所覆盖的范围依然变大，头的运动不再能够满足时，观者的整个身体必须转动并且改变位置，任何内部空间的观看也是这样。把连续的印象结合成一个整体形状的图像，在这里就变得更加困难了。因此，想被看作是无限空间整体的内部设计趋向于简单化：一个立方体、一个圆柱体。否则体验显然是序列的——例如，当观者沿着走廊蜿蜒行进或穿过一个房间到另一个房间的时候。

整体的部分

现在很明显，在我们对待建筑的时候，我们必须在把建筑冥想成一个物体与把建筑作为人类行为在时间中经历的一个事件之间经常来回穿梭。我已经指出建筑物作为一个有序体验的意义，现在我要回到作为一个概要整体的统一图像的重要性上来。尽管观者从建筑底下扫视到上面的时候，他能够把建筑物的图像加起来形成一个整体，但是除非设计师事先采取了措施，否则他将在任何一个时候看见的都是一个不完整并且是无意义的东西。实际上，是良好建筑实践经过漫长岁月构成了建筑物的总体图像，只有从一定的距离才能与可见区域相协调，与较小次整体不相宜，较小次整体的完整甚至可以包含于近距离的观看中。

　　相对自足部分的整体构成并不是建筑的专有特权。大多数绘画是由次整体构成的，是具有几个优点的方法。从感知上讲，它能使观者掌握容易被眼睛观察到的易控单元，并且从发现组成部分之间的关系得到整体的一个图像。这种"自下而上"方法非常有益地补偿了"自上而下"方法，即把整体分解成部分。它也使画家把他的陈述表现为相对完整实体之间的一种相互作用。这也使作品相应地丰富了，就像对话比独白丰富一样。

　　整体的部分也可以协调，就像许多窗户形成一排，或者隶属于一个层次，就像在单个窗户相对整排窗户的关系中那样。反过来，一排排窗户相对于外观是一个整体，层次的隶属关系帮助观者调整大物体的尺寸。在大多数情况下，这样一个物体的物理尺寸是参照周围物体的大小来理解的，这是事实。但是正像我们从许多商业大厦了解的那样，一个建筑物被看见覆盖了大量空间，然而看起来却不大。反之，像伯拉孟特设计的小教堂那样的小结构可以用这种方式组织起来，看起来像纪念碑。大小的感知证明是一种高度的动力过程。建筑通过表现细部的层次得到尺寸大小，这将导致从小的单元逐渐到较大的单元。有人可能会说，我们观看的建筑物并不只是它实际的大小，而是当我们的眼睛从小单元爬升到一个个逐渐增大的单元时所得到的尺寸，直到整体尺寸通过仔细研究的尺寸范围能够被感知测量为止。在很大程度上，大小是内部关系中的一个根源。

　　观者与绘画部分发生关系的方式和他在建筑物中这样做的方式之间存在本质上的区别。绘画的部分都是以同一方式径直朝向观者：它们大约与他的距离相等、它们都与整体构成的背景一起显现、它们可以以任何顺序进行审视、并且当它们中的一个被观看时，另一个也在场，虽然不在焦点上，却也在视野内。只有当人们从一定的距离把亚眠（Amiens）大教堂的外观作为一幅画观看时，建筑的情况才是这样。眼睛自由漫游过它的表面，挑出圆花窗，看见它被一长方形单元的框架所围绕，把纵向延伸与横向的相比较等（图72a）。

　　然而当人们走近建筑物的时候，同心方式限制视图的距离在缩短。视域顺序不再完整地满足观者的意愿了，而是被不断变窄的角度所限

a

b

图 72

制。更确切地说，图像把东西显示大了，但同时图像本身变窄了，像用变焦镜头拍摄的电影场景。并且因为观者是在地平面上走近的，建筑的入口是视力朝向汇聚的中心。焦点的转换是观者和建筑物正建立起的功能关系的相应视觉等价物，不是作为超然的观者凝视它，他准备通过进入它的里面而使用它。

视觉逻辑使观者和入口的汇合处有它自己的完整性。在亚珉教堂，西面的正门确实是自己的三个哥特式小建筑（图72b），每一个都通过凸出的山墙与正面其他的相隔，并且每一个被极大的雕像所丰富，完全独占了观者的注意力。设计良好的内部也是这样，奥托·舒伯特（Otto Schubert）把细部运用描述为附加的观看，例如，他认为如果圣彼得教堂是按照米开朗琪罗的设计建造的话，观者走进教堂时，一定与交叉口非常近，以至于能看见27°视角内的雕刻在穹顶顶棚中空处鼓状物背面的"Tu es Petrus"。在同一个建筑物中，建在交叉口上的伯尔尼尼设计的壁龛，因它的完整形状和它自己的意义吸引了我们的注意。

如果人类打算与建筑物在官能上交相感应，他们必须把视觉连续性与它联合起来。虽然一座建筑物作为整体是巨大的，但是它可以通过提供一个尺寸范围与观者相联系，一些足够小以至于可以直接与人体发生关系。这些和人一般大小的建筑元素用作有机的居民和无机居所的联系环节。对这种原则的最清晰使用是勒·柯布西耶在《模度》（Modulor）里所提出的。根据斐波那契（Fibonacci）序列的规则所分类的尺寸规模，在这系列中，每一间隔等于前面两个的和，在被勒·柯布西耶选择的两种数列中的一种是33、53、86、140、226、336cm（原文如此，译者注），朝两个方向延伸。关于人体，这些计算结果被设想为起源于四肢、躯干等的比例，因此这个体系把建筑想像为人的一种延伸。我已在其他地方做过如下描述：

> 对于勒·柯布西耶来说，人类和他建造的世界是一种不可分割的统一体。正像人是自然界发展的一种产物，因此建筑物、家具、机器、绘画或者雕像，是人的发展，建造者及他的作品相互依赖，就像蜗牛和它的壳一样，人类通过他的工作扩大了他的活动范围，而作品从人类对它们的使用中获得了意义。根据这个浪漫的观点，人类和他的创造必须作为一个综合的有机体来理解。

文艺复兴建筑师认为，作为宇宙完美的一个象征性公式的黄金分割，被用于斐波那契数列的密切相关的形式中，在植物生长和形状中控制级数。这样人类从自然中根据其固有的规则在成长的过程中出现了，并在他的作品中将这些规则反过来运用于他自己的自然扩展。在古老哲学家的语言中，人是被作为"被创造的自然"和作为"创造的自然"

而提出。

视觉化的建筑

在评价一座建筑物的视觉的特征时，人们倾向于区分哪些属于建筑物本身的东西，哪些似乎是建筑物明确使旁观者承认和适应的东西。这不是一种清晰的区别，因为建筑物的所有可见特征都响应观者的想像，反过来，投影和透视外观产生的形状的所有因素同时也是建筑的客观元素。而且这种区分再一次帮助指出建筑物的双重属性，这是当前这一章的主题。

当建筑考虑人类的观看能力时，它这样做不仅为了展现和解释它的实际功用，而且还有它形状的三维属性和它们富有表现力的性质。实际上，所有这些功能都是紧密相关的。正像弗兰克尔已经指出的那样，给出清晰概观设计的建筑中，建筑元素以正剖面的形式、即迎面面对观者，墙体和顶棚是这样，圆柱形的凹面也是这样。例如，一个教堂半圆形的后殿，其中，"所有的东西都转向它的中心点"。通过设想一座建筑的前面位置或它的任何部分采用良好顺从的安放位置，完全吸引主人的意愿注意。正面描绘建立起一种眼睛的接触，但是眼睛的接触是两方面的事情；不仅建筑能够接纳主人的命令，而且它也带着几乎主动进攻的表情直视着他。正面面对建筑通常有一点像观众受到路易·卢米埃尔（Louis Lumière）第一部电影中的迎面而来的火车头那样恐惧，那是真正的对抗。

正面描绘完全展示了建筑的主要方面，确实，允许这个方面垄断场景。当人面对一个立方体的正面时，他可能除了前面的平面外什么也看不见。然而人们可以通过使用等透视法实现两全其美（图73）。这里，前面的平面以其本真的程度完全显现，但是同时两个直角平面，例如顶面和一个侧面是可见的。这样的一个图像在这个两维的平面中被认可为一个规则立方体的表示。但是三维的立体仅当它弯曲、倾斜、岔开——不是合适的建筑选择物时才会产生投影。

然而有许多方法，建筑师通过它

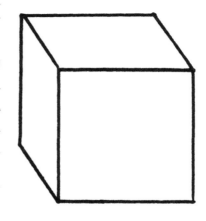

图73

们可以显示空间的三维并且同时保持正面
描绘；一个例子是凸窗，虽然运用了缩短
透视法，但是它的侧面岔开并且因此可见
（图 74）。六边形或八边形建筑，如洗礼
池，也为观者显示了它们的体积，在两条
街道的十字路口的建筑物情况也是这样。
图 75 表现的是在帕多瓦市（Padua）的圣
安东尼奥（San Antonio）八角塔楼中的一
个。当艺术家没有受到中心投影法则的约
束时，他们采用了这种设计。

　　在立方凹形的这种相反的例子中，即
像在罗马的博尔盖塞别墅的小房子（Casi-
no Borghese）的 U 形建筑物，视觉感官失
去深度维度的问题并不明显。如果观者距
离不太远，他将看见透视缩短的侧厅。然
而如果距离很远，除非侧厅朝向前面岔
开，否则他就看不见它们了（图 76）。

　　当人们放弃正交位置而绕着它走的时
候，就可以看见立方体的侧面了。然而平
屋顶把它的顶面隐藏起来，不让仰望它的
人看见，因此，这样建筑的僵硬屋顶线力
图使屋顶看起来是平的，就像一张纸。斜
屋顶或四坡屋顶，除了它们的实用功
能——把建筑的形状延伸到正面图那边之
外，它使建筑的形状进入到深度维度中，

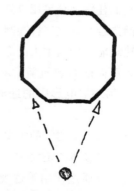

图 74

因此它帮助眼睛将它确认为立体。在高建筑物面前向后退的情况也与此
类似。

　　我说过正面描绘的效果；但是实际上，当然只有从很远的距离，建
筑物才能与观者正面相交。从近处观看，墙体向后倾斜，并且这个高大
的结构似乎并没有使自己致力于关心它自己的大小，不考虑在它脚下的
小生物。被它们邻居固定的建筑物的情况尤其是这样。我们以前评论过
相对闭合并且完整的次整体，例如，传统教堂的门廊，为了吸引走近的
观者，它力图充当整体和大部分可见建筑物的代表。建筑物也可能通过
向观者示意而吸引他的注意。老镇挑出屋顶的房子经常做出这种友好的

图 75
圣安东尼奥,
帕多瓦市（照
片：John Gay）

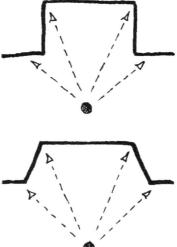

图 76

姿态，在纽约的马塞尔·布罗伊尔（Marcel Breuer）设计的惠特尼博物馆（Whitney Museum）有呵护性地向行人倾斜，因此更直接地向观者展示了自己。如果建筑物坐落在小山上，当观者以一个特殊的倾斜角度向它接近时，以这样的倾斜作为对策更加有效。克拉克大学（Clark University）造型生动的戈达德图书馆（Goddard Library），它高高的烟囱上面的窗户像小龙虾的眼睛，正向下注视外面所发生的事情（图77）。

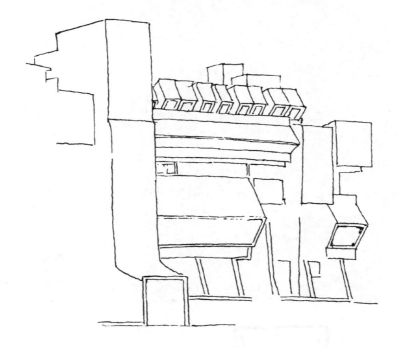

图 77

倾斜和深度

观者接收到的投影效果在这里被认为是建筑的真正属性。关于这个主题做几个更深入的讨论将结束本章。我前面说过，如果观者站在建筑景观的一个水平倾斜着的角度，只有非常以自己为中心的人才能把这最终的视觉效果看作是客观位置的属性。作为一条规则，一个处于倾斜位置的人，把自己看成与此位置的空间结构不一致，而不是此位置斜对着他。

然而放任相对位置的效果将会发生错误，就是过于依赖无论建筑场景是否布置它的空间结构，都要求观者去顺从。例如，雅典卫城没有那样的结构强加给我们，当人们由通廊进入的时候，建筑轴线提供了空间方向的惟一的决定性因素。这条轴线似乎被教堂分开，甚至是被忽视，它坐落——至少在目前的现场条件下——在没有组织过的土地上。没有直接的视觉关系使建筑期望达到观者成为他的仆人或主人的目的。万神庙的严谨的结构并没有决定它环境的视觉形状。神庙没有必须接近的路线也没有明显的吸引，观者必须遵照建筑的不妥协要求。

倾斜的方向并不是不能向它的观者传达它的特殊情感。在纸上的建筑透视图尤其是这样，因为图纸凝固了观者的位置点，并在倾斜上赋予了意义。如果绘图员为了避免正面图成为不提供信息的平面，他采用一个角度表示建筑物，也使它具有特色，如把正面转过去、居住在它自己的世界里、关心它自己的事情。建筑这种倾斜的位置暗示，如果任何人想要接近它，他必须为自己提供桥梁、寻找入口，为了顺从它们而挑出这个地方的规则。反之，把观者放在建筑入口的正交位置的图示透视图，可能没有必要过多告诉他这座建筑物是一个三维整体；但是通过提供建筑结构和观者的结构的视觉一致性而将邀请的地毯展开。图78表现的是维琴察（Vicenza）附近的帕拉第奥（Palladio）设计的圆厅别墅（Villa Rotonda）的两种景观。

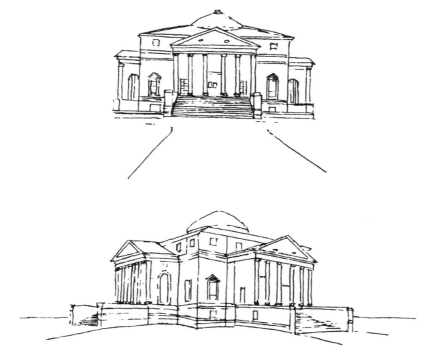

图78

斜着观看，建筑物陈述了它的平面并在视觉上嵌入到空间维度的结构中。除了外部轮廓，它的每一条棱边都是环绕不同方向的平面交叉，并且因此确定建筑体积的一个角。然而，无论这样的一个倾斜图像是从平地上看还是鸟瞰，它都与此理论相关。眼睛的水平线之上的角度在边缘点的上面，并把任何立方体的屋顶平面隐藏起来。我们会相信看见一个闭合实体，仅仅因为它高耸在观者面前，看起来太巨大了。

当从上面看建筑物的时候，建筑物几乎把自己表现为一个整体。在这种情况下，立方体的三个面把它的三个空间维度都再现了出来。但是建筑物看起来小了、远了，并且不可接近，因为没有可以走过去的平面把它和观者联系起来。就像小模型一样，它作为人类的作品出现，并且展示了它整体形状，这是对所有陆地居民隐藏起来的，它赋予了观者超人的完整视力。只有从上面我们才能真正掌握班贝格（Bamberg）教堂基本的主题，比如，哥特主体的雅致纤细，并且两对钟楼相对称、其中一对自由伸展、另一对被过道和教堂半圆形后殿之间的夹角紧紧抱在一起。只有从上面我们才能看见这个细长的正殿，它的一侧被回廊环抱，其他几个侧面向一个大广场敞开（图 79）。

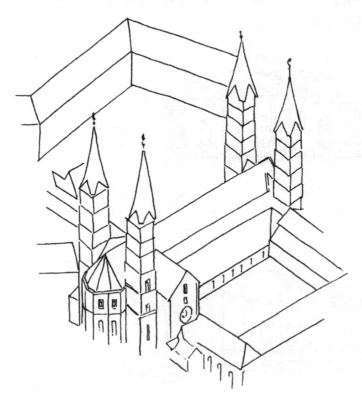

图 79

　　人们只有从这样高的一个有利地点才能看清四面都是围墙的庭院或者掩映在花园中的城堡。一个显著的建筑作品与其他地标一起在城市风景中被感知，如河流、桥梁和乡村。鸟瞰风景接近与地图垂直，免受它们的平面之苦。17世纪的地图实现了一个伟大功绩，从飞机得到城市的透视图，不是人眼曾经喜欢的那种，它近似于给予我们建筑布局的图像，不是作为有人居住的环境，而是作为人类心智的一种创造从远处观看得到的图像。

　　我再返回到地平面看透视效果。我以前提出过建筑透视图构造如此简洁并且强迫聚合边缘系统，以至于很容易使自己从建筑物中分离出来，因此使观者能看见建筑物的客观形状。这是事实，而且它也变得清晰了，透视形成的变形从来不会从建筑物的外观整体中缺席，尽管它们一般不作为建筑物本身的客观属性被承认，但是它们的效果还是能够被感觉到。

　　透视图把建筑物从稳定静止的正面图中移走，并把它搬进深度的维度中。因为深度是变化不定的领域，所以当建筑物的形状遵循透视，建筑物就带有了运动（图80）。这种视觉运动可以在两个方向中阅读，或者朝向地平线离开或者由地平线过来。在许多情况下，有两个或甚至三个灭点，每个光线系统的焦点不顾一切地穿过建筑物，并使它的边界屈服。建筑物通过允许本身这样变形，服从于一个环绕的空间秩序，把自己解释为一个大事件的一个部分。

图80

第五章 运 动

在自然界里很普遍、尤其是人类致力于这种界面，即把它们环境中的生物连接起来或分离开并且把它们与环境建立起关系。所需要的东西是一个保护盾，有时也把观察和传达信息的器官包裹起来。这种界面从皮肤、皮毛、甲胄到带有窗户、门和空调设备的现代建筑的墙体采取多种形式。从我们现在的目的来讲，基本的区别不是自然与人造外壳之间的区别，而是带着生物移动的容器与作为临时住所的独立围栏之间的区别。皮肤和毛发是由人的身体产生并成形的；它们是有机体的一部分，差不多永久依附，无论它们的承载者给予它们什么样的移动，它们总用各种真实程度反应它们的形状。对人们的衣服、甲胄，甚至对司机和宇航员更加自足的服装来说，情况也是这样。

容器的自治

鸟蛋是一个独立住所的典范，它不是被它的居住者所创造，也不是居住者的大小和形状的表现形式，只是它的居住者需要它，它才将自己的形状和尺寸提供给居住者。从本质上讲，这样一个容器的形状源自于它自己的需要——稳定、简洁等，对所有容器来说都是这样，包括人类建筑。因此，即使为运动性生物所制造，容器的形状或多或少依赖于它为自己的功能所需要的移动性。鸡蛋必须让自己在母鸡的身体里容易运动，因此，它是圆的，光滑的，而且包裹得很好。但是大部分建筑物都会脱离于它们被建造地点的生活之外。它们需要坚固地扎根于地面上，并且表明它们存在。由于为了一个特殊的位置而建立，所以它们经常能表现它们所反映的特殊条件。

如果正像文森特·斯库利（Vincent Scully）所推测的那样，移动的家庭是未来建筑学的细胞。不仅完全可以在工厂预制加工房子，而且也使更多的流动的生活方式成为可能，这种功能的转变将会从根本影响建筑物的外观。汽车，尽管是交通工具而不是住宅，却显示了新建筑学的基本特征。它与地面分离，因此底部表面需要更好的保护。理想的是，因为侧面与道路的关系，所以它不必被设计，但应该与底边相连接。移动的建筑物必须是完全圈起来的容器——通过把我们的建筑物建在具有潜在移动性的盒子上的一种发展期望。移动性的盒子阻碍开放的形式，阳台和梁——即弗兰克·劳埃德·赖特所喜爱的和环境融为一体的那种。它是舱型的，它的表面有紧急通道，进去或出来，打开围墙向外看或让空气进来必须是一种伸缩自如的活动。教堂突出的门和飞机门的不同之处就说明了这一点，飞机的门在舱中，能使自己缩为一个缝，这种形状所承载的是孤立和分离的这种象征性信息。

这种孤立包括场所的自足和独立，而不是使它的大小、形状、颜色去适应陆地表面、去适应街道的景色、去适应光和空气的条件。可移动的建筑物，像汽车一样，必须被设计成在任何的情况下都能特别适应。它的独特源自于它自己的特征，而不是来自于它将要适应的特殊的位置。像所有的移动物体一样，它不与当地的众多的变化相抵触。就像大众汽车一样行驶在城市的街道上、乡村道路上、盘山道上。标准的移动住宅代替了位于城镇的公寓、位于乡村的农舍和高山上的简陋小屋。文艺复兴时期，雕塑和绘画从它们的束缚中解放出来，并且变得适合任何偶然购买它们的顾客需求。因此，不得不适应广大顾客的一般需要，建筑在很大程度上变得标准化、国际化，甚至现在正沿着这种方向发展。

传统的房屋扎根在地面上，对应于人类的流动性来说，总是服务于生产任务。在反对单调的游牧的生活方式过程中，稳定的家园建立了较富裕的生活和居住方式，与移动、运动和变化的方式相竞争。当每件事物不断地变化，变化减少了它太多的创造力。因此，建筑总是充当所赋予的、所依赖的事物的真实象征，而且那些事物也必须被认为是稳定不变的条件。

存在与生成的生产性对立，在人造的环境里，对于人的生活是特别有价值的。有一些在人类的生存空间方面具有迫切性乱伦的集团，仅仅把空间作为他们自己的工具和设备，做事完全是为了自己方便。妥善处理自然对人类的反击力，是人类成熟的先决条件。自然一直是人类生存繁衍的最大对手，随着城市区域极力对大自然的排斥，人类的生存环境将迫使自己去建立他生存的各种各样的、各个相互对立的方面，这变得更加重要。流动性和常住地的对立是那些避免不了的矛盾之一。

高贵的静穆

建筑得益于事物超越变化的高贵品质。神的肖像是用永久性材料制成的，庙宇、城堡以及宫殿的笨重石墙，对于世间的事物和精神力量来说，总是个恰当的隐喻。对建筑的毁坏是十分令人心痛的事情，尽管建筑对我们自身而言不及人类的尸体与我们的关系大，但是建筑物的破坏是作为凝结了历史纪念物的消失。

位置的改变，尽管没有像破坏那样彻底，却也影响了物体的永久性。当物体改变了环境，特征随之发生改变。这是一个难以描述的概念，也是一个根本的概念，这可以在把物体从它们通常的位置移走时，所谓的原始人或孩子的焦急阻抗中见到。阿尔贝蒂（Alberti）在他的关于建筑的书中谈道：

> 非常古怪，尽管非常古老的信念深深植根于百姓的心中，即在某个地方的上帝或一些圣徒的肖像会听到信仰者的祈祷，而在另一个地方，同样的上帝或圣徒的雕像却无人问津。不止于此，而且也是荒谬的，如果你只是把这个过去人们非常崇拜的雕像移到另一个位置，人们就会像轻视破产者那样轻视它，它们的祈祷者既不会相信它也根本不会注意它。因此这样的雕像应该坐在固定的、显赫的以及属于它们自己的位置上。

甚至自命不凡的一些人，当看见一座雕像为了运走、清洁或修复而从它的位置上被移走，也会使他有一些不安、真正恐怖的感觉。这如同看见一座好的房子被移走或在某处重建同样令人不安。这种感觉有两种不同的心理方面，其中一个是已经提到过的，源自于这种事实，即通过改变背景，物体改变了特性，并且因此它失去了一些稳定不变的身份特征。另一个是随心所欲的对待物体，人们剥夺了物体的某些自主权，物体被迫放弃它拥有的能动性。有些冒险地把令人崇拜的圣母玛丽亚的雕像放在朗香教堂（Ronchamp Chapel）一个旋转的底座上，正像勒·柯布西耶所做的那样，通过把肖像简单地旋转180°，就能够从门里转到门外。由于肖像被它的环境所阐明的与被它自己的本性所阐明的一样多，它显示了某种不可改变性。当它在又黑又窄的教堂里被电或蜡烛照亮或在无限的自然空间里暴露在光天化日之下，它外观的变化可能是很明显的。

此外，雕像的处理，对它们的意愿来说都是无异议的默许，违背了它的意志自由。在这里比较一下宗教的雕像在运载过程中所产生的影响。尽管物质上很明显，肖像不是随心所欲地被带着到处走，圣洁的画像只是在他或她的旅途中被顺从的追随者所拥护，雕像保证了观者的能动性。因此，它不是危及物体整体的移动，而是使之降至为被动的工具。对一辆行驶的汽车，依据不同的理解就会看起来有明显的不同，这取决于人们把它看作是强有力地载着乘客的工具还是看作机械地回应坐在驾驶员位置上的人的指令。在后者的情况下，驾驶员在视觉上被定义为弗洛伊德（Freud）称作的"修复假肢的神"，这个会修复术的神由于他的修复技术而被赋予了超人的能力。

当运动被理解为源自于物体本身的能动性时，它可能增加而不是减少物体的力量。移动的雕像给人以它产生自己行动的印象，因此通过比稳定的雕像具有更多的元素动力而给人以生气勃勃的印象，这是一个事实。建筑也是这样，在一个大船慢慢前进中有驱动力，在高大建筑物上的旋转屋顶平台增强了赋予结构的活力。现在这种思考已经与大部分建筑师的心思相去甚远了；但是由于运动变得更加切实可行，这种观念在将来可能看起来并不奇怪。

像我们现在所知道的建筑那样，相对于人们的运动性来说，它是稳定的。两者之间的关系远远超出了我们的行为与雕塑相互生动对照的特性。雕塑蕴藏在自己自足的完整中，它只是通过展露自己来吸引顾客，即它通过展开它的形状服从可读性的需要。但是大多数雕塑只是允许观者的眼睛穿透，它居住在一个封闭的区域里，并且只是在使自己可见可触这个程度上作为一个工具，它不提供其他物理上的处理。观者的运动与雕塑的形式相反，他可以围绕着它朝向他喜欢的任何方向走，并且他可以让他眼睛以任何顺序浏览这个物体，他的探索过程绝不影响雕塑物体的永恒本性。

建筑也通过它自己的永恒持久性使来来往往的人们趋向完美，但是它以更加真实的身体感官方式与它们相互作用。通过给人类进入、通过、居住提供设施，它用自己的方式承认人类的存在。就像桥梁那样，如果没有汽车和行人通过它的那个形象，那么它就是不完善的；或者就像一把剪刀的环，如果没有手指穿过它，那么它看起来就是虚设的。建筑的物体和它的使用者之间的关系是强烈的相互关系之一，在所有的相互关系中，使他自己适合另一方的特性和需要另一方适合他之间，每一方都必须计算出合适的比率。一方面，居住者从建筑的特性中获得他的需要，另一方面，建筑的特性在使用者的无私修缮中被淡化了。

棚体和地下通道

关于移动性，建筑的任务承认两种基本的解决方法，就是我称作的棚体和地下通道。棚体是一种容器，正像我关于鸡蛋所提到的那样，它从自己的功能中获得了自己的形式，其次才承认使用者的存在。容器的合理形状是简单的中心对称，尤其是球形。一个当代的建筑例子是位于华盛顿的赫什霍恩博物馆（Hirshhorn Museum）的圆柱体（图81），当这种容器建筑走向它的理论极端时，我们就会面对只是容忍它的进出口作为完整性的中断以及作为对展示功能妥协的一种结构。通道可以通过建筑为自己的目的预留开口而隐蔽地获得，例如，在支柱之间穿过拱门。居住在这样的建筑之中的人，实际上并不是主人，当逃脱的时候，它确实是不完善的。它敞开的空间允许通过，却没有为观者提供积极的接待。某种路线符合建筑设计，例如，在一个中心对称的大厅里，朝向中心和背离中心的运动；但是这些路径并不服务于使用者的需要，除非他是一位为了探求建筑设计而到处转的建筑爱好者，否则，观者的运动模式与它的结构无关，就像为了看见雕塑而绕着它走的人不关心它的结构一样。

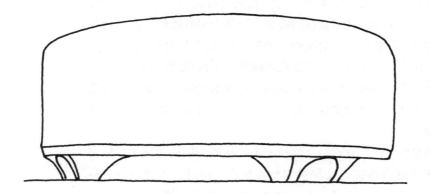

图 81

与此相对的建筑类别是地下通道，再次作为一种纯粹的抽象类型，只是为了居民的身体通过的缘故。通过开挖路径并留下来作为将来使用的通道，因此规定使用者的通道和铁轨一样无法改变；当它提供一个大的区域的时候也是这样，因为使用者需要更多的方向自由或者需要更多的空间，而不是因为结构需要它作为其形状的成分（图82）。从整体上讲，地下通道可以和棚体一样是三维的，但是它的三维是系统的线性通道形成的，而不是由固有的三维形状构成的。如果赖特的古根海姆美术馆只是由组成理论上的表现空间的螺旋长廊构成的，那么他就会加上一个圆柱，但是没有使用圆柱形状。

弗兰克尔说过这样的建筑被想像是通道网络，开始是无实体的，即概念的早期阶段，因为它还没有被赋予物质形状的特征，这些形状继而从通道的方向和排列中获得。事实上，建筑的规划设计甚至在功能关系更为抽象水平

图82
通过鼹鼠山的剖面（模仿冯·弗里施）

上开始的，这是非常正常的。例如，如果有一片中心放射状的区域，其中需要获得许多专用的功能，箭头所描述的这些功能，开始时甚至都没有考虑人的移动形体，而是简单地指明在事情进展过程中的方向（图83a）。在某种更为具体的概念水平，这些方向指示成为来来往往的人们心中的图像，并且只有在第三个阶段通道才能开始暗示出物质形状。

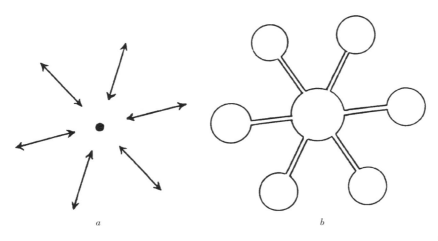

a　　　　　　　　　*b*

图83

如果地下通道是由平面图产生的，那么这种"地下通道"的概念就是纯粹动力的，就像不是专门为乐器而谱写的音乐那样缺乏真实物质。相比之下，棚体类型的建筑被认为是永恒的形式，它的功能通过一组区域、大小形状的不同、以及必要连接所需要的彼此之间的关系就基本上可以预见（图83b）。它也可以从一个抽象的平面图中获得，在形状的创造中位于第二位的，但是这样的一张建筑平面图的功能比动脉网络更像一棵树或者骨架。它是专用容器的一种排列，通过功能顺序结合在一起。这些容器之间是结合的关系而不是指明方向的通道，并且这种设计是进一步的具体化，不是作为通道网络，而是作为一个空间的集合。

我这里所描述的是虚构的极端。在实践中，任何建筑方案都把两种方式的特征以某种比例结合起来；但是为了描述这种比例，人们必须首先定义比例的极点。也很显然，这两种观念不只是建筑设计的两种方法，而是起源于审视人类存在和两种不同建筑风格的深层次的方式。人们可以通过说棚体的构思者在本质上是建筑者，而地下通道的构思者是挖掘者；或者用雕塑术语来说，一个是造型师，另一个是雕刻师。对建筑者或造型师来说，路径是体积之间的空隙；对挖掘者或雕刻师来说，它们是主要的通道，围绕着它们的是支撑物质的集聚。虽然建筑师在他的心中和绘图板上构思建筑，但是他并没有对他自己进行任何造型和雕刻，当他创造形状时，似乎很明显暗示出这些物质运动的精神提纯指导他创造的想像力。

运动状态

棚体的类型受控于视觉构思形式；地下通道的类型源自于运动状态，不同的控制偏爱不同的形状。书法研究表明，构思视觉效果的文字趋向于偏爱对称和直角。为了便于辨认，它们在单词之间留有空隙。当运动状态支配书法时，它趋向于畅通无阻以及把急转弯变成渐进的曲线（图84）。无论运动状态处于什么情况下，这种相同的趋势都可以观察到，例如，当一个在沙质斜坡上滚动的石子离开它的轨迹时，或者当学生抄捷径小心穿过校园里的草坪时。为汽车快速行驶便捷而设计

图84

的高速公路，在直线之间避免急转弯和中断角度。出于同样的原因，建筑布局作为中枢系统趋向光滑、顺畅、连续的曲线，并且避免角度中断。在垂直的维度中也是这样，当斜坡代替了之字形台阶，如果台阶是不可缺少的，有运动意识的设计师就会在心里设计它们，而不只是它们组成倾斜图案的视觉效果，而且由于台阶立板和踏板的交替产生了特殊的肌肉运动知觉的节奏，例如，费力抬起的节奏与获得前进节奏之间的比例。

歌德（Goethe）在关于建筑断断续续的评论中，竟然说：

> 人们愿意把建筑看作只是眼睛的美术作品，相反，它主要为人体里机械运动的感官而工作——浏览注意到的东西。跳舞的时候，我们根据一定的规则移动，我们体验到快乐的感觉。当某人蒙上眼睛被领着穿过坚固的房屋，一种类似的感觉就会在他体内被唤起。这里包含困难和复杂的比例规律，这给予建筑和它的各个部分以它们的特征。

运动是直线的和指向前方的，速度越大，推力越强，它偏离前进方向所需的努力也越大。拉斯穆森告诉我们，在古代中国，通往住处的主要入口在朝向这个地方的南北轴线一侧要放置一些东西，这样做就是阻止恶神直接闯进屋子。人们猜想，如果这些神仙以悠闲的步伐到达这里，这个设施就不会阻止它们。然而，通常任何对路线的偏离都是一个障碍，运动趋向直线前进并且消除偏离。

基于运动体验的空间关系的心理意象也是这样，在回想城市布局的时候，人们趋向于忽视那些使街道或路线的整个方向复杂的弯曲部分。建筑中的方向也是这样，任何对整体方向的偏离都很难被理解并引起空间困惑。图85是一个五岁的女孩被要求描绘出她父母的单元住宅而画的一张示意图，顶上的是这个单元住宅的实际平面图。在描述这幅图时，儿童心理学家约瑟夫·丘奇（Joseph Church）评论道："我们必须坚持作为运动力的场给定的空间和作为物体的容器而不是本身给定的视觉空间之间的区别。"这个单元住宅的两维布置图被这个女孩缩减为线性顺序，心灵把握线性顺序比把握一个两维集合中的多重同时发生的关系要容易得多。这种简化也与儿童变化不定的运动经验相一致，由此她获得了这座单元住宅的形象，空间同时作为时间序列被体验了。

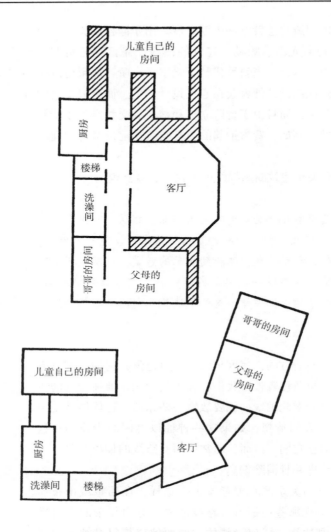

图 85
选自约瑟夫·
丘奇的《语言
和实际发现》

　　此外，这个例子还表明，简化为线性顺序确实对实际的拓扑关系曲解很大，这种运动方式产生了错误信息。如果我们在心里铭记，人们通过观看设计图、地图或通过观光很少能获得房屋或城市的空间结构意象，这非常重要。而且，人们的知识主要来自于他在有目的的运动过程中观察到的东西。这支持一种非常特殊的观念，在研究新婚夫妇关于他们房子的形式知觉意象中，格伦·吕姆（Glenn Lym）发现，绝不是他们都怀有整体平面图的意象，在特定单元之间的功能关系，如客厅和卧室，为他们构成了居住区；并且虽然这些局部运动彼此相连，但是它们并不需要合起来成为一个统一模式。房子"真的有一个 L 型"这个事实可能会引起惊讶；或许只有当居住者被要求把他们的地方作为一个整体来看时才能明白。因此，当建筑师想要设计一处环境，能够向它的使用者传达出它的空间形式和安排的整体意象时，那么他就必须考虑比总体模式的视觉简化更为复杂的情况。

只通过眼睛得到的空间模式的全面注视与通过线性运动侵入的探索之间的差别，也可以说明这个众所周知的体验，即回到单元公寓或老房子竟会惊讶发现实际的比记忆中的要小得多。观者在离开之后再回来看他的老书房所接受的是一种视觉的概观，一些东西与他作为一个积极的使用者时有明显的不同，在书桌和书柜、窗户和文件柜之间来来往往所表现出来的这个地方的功能关系的模式。这种局部行动创造了比在相同距离作为纯粹视觉整体的部分观看（好像从外面看）时传达出的空间感更为显著。

在后面这几个例子中，我几乎无法避免地把讨论从纯粹的物质运动情况转到了空间中伴随运动的视觉体验上来。视力是驾驶汽车的主角，眼睛向前可以看到横向的空间，它们发现出口和方向以及判断前进中的悠闲和困难。在身体运动过程中，眼里看见前面的视界是作为潜在路径的地图。相同的视觉距离传达出的不同意象，取决于它是否允许汽车通过。当月亮被看作是天体的运行而不是笨重的天体在空中落下的途中，这样看起来是不同的。仰望一座圆顶，人们看到一种感受不能到达性影响的风景，就像区别地上的处于相同距离可以达到的目标那样，当人们驾车在高架公路上穿过波士顿的时候，附近的建筑物显得远不可及，是因为没有通道把它与他正在其上行驶的道路连接起来的缘故。任何栏杆、围墙以及栅栏都通过潜在的运动信息，即这个地方不能通过，因此需要"绕远"，从而加强了空间的细分。

路线的动力

在前面的章节中，我论述了从特定的观察点看物体与它的客观视觉形状之间的区别，路线的透视变形也是这样。规则形状的道路或走廊被看作在前方远处汇聚为一点。这致使道路更具有视觉动力，因为任何楔形看起来都比一对平行线更有动力。同时汇聚提供慢慢变窄并最终使道路闭合、阻止向前进程的景象。然而，自相矛盾的是，汇聚保持相同的距离，它从来不会变近，相反，而是提供了一个不变的图像、一个视觉的停滞，这与走路的人或驾驶员向前运动的感觉相抵触。所有这一切合起来微妙地破坏了体验，它抵消了空旷道路带来的令人愉快的自由。这种效果与我们前面有空阔、渐进、逐渐展开的街景时的感觉相反。

这种运动的视觉体验总是一种相对的事情，它通过关于用作参照系的环境的置换传达出来。再一次自相矛盾的是，当我们运动的时候，我们的身体或汽车在视觉上固定不动，只是我们周围的由眼睛肌肉运动知觉的信息确定的那些东西在替换。当穿过迷雾或浓厚的云层时，人们看不见前面的距离，走在办公楼和宾馆的单调隔声走廊里的情形也是这样。人们被成排无个性特征的建筑物拼出来的曼哈顿街道格栅所折磨，因为他必须为使他确信自己向前走的心理影响而另外增加肌肉运动。因为这种推动力不是从外部得到支持的，它必须由心理内部产生。

例如，当街道或人行通道被商店的橱窗排成一列或公路被树木、农场或桥梁排成一列的时候，失败主义者的厌倦情绪就会被消除。这种丰富性帮助不仅因为它展示给旅行者生动变化的东西，里程碑，无论大的小的，把无限的道路细分并且提供短期目标：一个人看见高大的柳树，向前接近它、到达它，一段旅程就完成了。

另外，当人们走近的时候，经过的目标就改变了外观。一扇橱窗缩小了，并且从一定的距离几乎看不见，慢慢地变得宽阔，当人们走到它近前的时候，它完全展示了自己。这种透视展现是把空间的同时性转化为时间顺序体验的基本部分。我们走路或驾车的时候，环境变成偶然性的了，其中事物彼此相随，它们改变位置的时候也改变了形状。内部没有为顺序做任何设计的建筑给人一种消极的体验。当人们走进巴洛克宫殿或像它经常那样卷起窗帘的时候，它的楼梯拉开一种宏伟的序幕。N·佩夫斯纳（Pevsner）描述了布鲁赫萨尔（Bruchsal）主教宫殿在被战争毁坏之前的卷绕的楼梯。

　　　楼房的一层是阴暗、涂有矿岩、效仿意大利乡村洞室方式的房间。然后楼梯在两面曲线墙之间呈现出来，外墙是固体的，内墙向拱廊敞开，通过它人们可以向下看见半黑暗的椭圆形洞室。当然，拱廊通道的高度由于楼梯向上延伸而减小。当你向上走的时候，在你周围变得越来越明亮，直到你走到主楼层的时候，并且看见下面是一个平台大小的椭圆形房间。

这样的一种描述提醒我们，观者体验的不仅是视觉顺序而且由透视和每面墙上的照明以及元素组合创造的慢慢不断的转变。建筑师帮助观者把纯粹的物质运动转变成连续的视觉事件。凯文·林奇恰当地谈论了导致路线的"旋律",从奥克兰穿过海湾到达旧金山:走近桥塔,有节奏摇摆的钢索华饰,恶魔监狱岛在远处的水上放任滑行,快到耶尔巴布埃(Yerba Buena)岛的隧道入口时候,城市天际线就在黑暗中浮现出来。

就建筑的本质而言,它们必须把通道和居住地结合起来。从物理上讲,当然所有空间都维持固定不动;但是在视觉上,居住者一定会被没有传达出任何变化却连接一起的走廊容器拼凑出来的呆滞而窒息。我在前面提到过逐渐令人愉快的街景在走近者面前会分岔,而且路线的临时变窄也会通过产生收缩张力和分解成新的扩张而产生动力。另外还有一个突然惊奇的刺激性效果:展开无法预料的空间,其中最引人入胜的例子是走近伯尔尼尼设计的圣彼得广场的前面,甚至在墨索里尼错误指导通过移走从台伯河(Tiber)到梵蒂冈(Vatican)的两条狭窄街道之间的"刺"来建造纪念通道后,给人深刻印象的"戏剧性时刻"依然幸存下来,在更为适度的比例上,从走廊到突然展现的房间之间的任一通道都用一个小的视觉震惊刺激观者的体验。

被狭窄路线严格控制并不只是导向运动的方式,通过足够的定向推动力的驱动,步行者可能发现自己横穿一个房间的中轴线是一个直角(图86)。突然失去了支撑,他喜欢这种略带有独立性焦虑的自由,一种证明能力和冒险的感觉。建筑物经常不是由路线引导而是通过目标吸引——拱门和壁龛的召唤,这里我们再用一下 N·佩夫斯纳的例子,在曼图亚(Mantua)的圣安德烈大教堂(Sant' Andrea)中,阿尔贝蒂"没有采用传统的正殿和走廊的安排方式,用一系列礼拜堂代替过道并且通过高、宽、低、窄的交错开口与正殿相连,这样走廊不再是向东的运动并且成为伴随宽敞的隧道形拱顶正殿的一系列小中心"(图87)。鉴于观者像凹槽中转动的球那样被严格引导,于是在阿尔贝蒂设计的教堂中,他保留了决定是否同意礼拜堂的约请以及偏离朝向主祭坛路线一个侧面台阶还是两个台阶的主动性。在一些例子中,走廊端墙的简单强烈色彩足以把静态的通道转变成有意图的路径中。在密斯·凡·德·罗设计的巴塞罗那展览馆(Barcelona Pavilion)(图11)远角的雕像是一个更为明显的例子。

艺术中临时的阻碍被认为是朝向远方运动的一个强烈刺激。它也是传统戏剧的一个标准设计,并且经常被用于音乐中在新的力量澎湃之前控制旋律的流动。悬念源于临时的悬而未决的行动,这种障碍的克服类似于竞走者或跑步者朝着他的目标努力。这种对抗性几乎发生在每一种

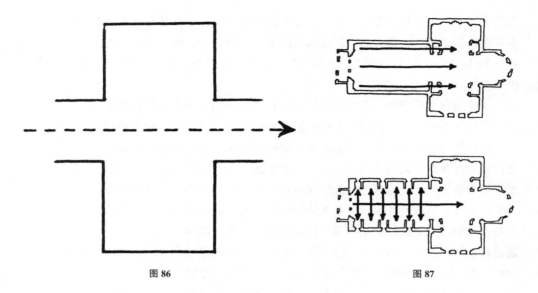

图 86   图 87

由于作为一个人前进事实的运动经验中，这种场景似乎朝向他相反方向的移动。在电影屏幕上，流弹的效果展示了发生运动的视觉经验，这时我们看见世界从灭点处飞散，在我们前面并超过我们到左面、右面和上面。

詹姆斯·J·吉布森（James J. Gibson）曾经描述过飞行员着陆过程中的这种方位方式透视效果。速度越高，环境的反向运动越明显。在我们时代，我们甚至可能从快速运动的汽车都渐渐意识不到这些视觉现象；但是在 19 世纪的时候，运输的动力经验是非常不寻常的。克洛德·皮舒瓦（Claude Pichois）已经收集了这个时期从法国作家得来的证据。他引用了泰奥菲勒·戈蒂埃（Théophile Gautier）和维克多·雨果（Victor Hugo），尤其引用热拉尔·德·内瓦尔（Gérard de Nerval）在 1832 年写的一首诗。诗人描绘了关于在行驶汽车上令人震惊的情景，他看见路边的树木像溃军一样胡乱飞奔，守护他们村庄的教堂塔楼像羊群穿过平原一样；山脉摇摇晃晃像喝醉了一样，河流从峡谷里向他们跳跃，像一条大蟒蛇紧紧追赶他们。

这些夸张的例子提醒我们，甚至在建筑体验较平静的情况下，当参观者进入一座建筑并走着穿过大厅或横越礼堂的时候，环境朝向他前进。因此，建筑的形状不仅作为静态的空间被设计，而且还作为招待员被设计，它们集合起来欢迎到来的参观者。依据它们的外观，或者容易到达入口或阻止它。无论是作为凯旋的拱门还是日本的牌坊门，都提供一个通道，但同时作为一种临时障碍物也挡道。对通道来说，门是墙体最难处理的组成部分之一。

　　带有吸引和阻碍运动的过于修饰的巴洛克的显著例子是罗马的西班牙大台阶（Spanish Steps）。爬上第一组台阶后，人们遇到了栏杆，它把交通流程分为左右；再次被方尖塔围绕的栏杆阻止后，流程又重新汇合。所有这些都导致圣三一教堂（Trinità de' Monti）是级别最高的教堂，它就是目标和终点站（图88）。

图88

德·桑克蒂斯（Francesco de Sanctics）设计的西班牙大台阶

　　罗伯特·文丘里引用的一个例子是建筑内部的动力技术处理缺少生动但更加适用。像通常一样，通向维孜莱（Vézelay）的圣玛德莲教堂（St. -Madeleine）的通道被入口中央的柱子挡住了，并且不仅如此，被细分的内门的装饰柱挡住了，这个门是教堂前厅通往正殿的（图89）。这个交通挡柱直接支撑了一个石质浮雕，它上面是在呈塔形的众徒之上的基督的正面雕像——受难的形象，它赋予了这个强制物理停顿的重要性和意义。参观者把这个难忘的圣经场面简要地记在心中，在圣殿的主礼堂释放出一种新的能量。在人类的能动性和他住所的石质永恒性之间的巨大相互作用的主题，被建筑的元素和它所唤起的反应而浓缩地完成了。

图89

第六章　秩序与无秩序

秩序这个术语的含义已经被长期的争论曲解了，把普遍意义上的秩序等同于一种非常特殊的秩序，并被一代设计师、艺术家及建筑师所推崇但又被另一代人视为讨厌的限制而拒绝。秩序最终变成了简单几何形状的减化以及所有人一切事物的标准化，变成了喜爱基本物质功能甚于外观以及以牺牲自然创造力为代价的理性喜爱。

关于风格喜好的争论循环往复。它们构成了艺术史的辩证观并且为风格变化提供了必要的动力。但是它们不能被允许剥夺我们的概念，这些概念是理解具体事实不可或缺的。如果秩序被理解为是一种既可以接受又可以放弃的性质、一个人的美食而另一个人的毒药、既可以放弃又可以被其他代替的东西，那么除了困惑，什么结果也没有。秩序必须被理解为任一组织系统功能不可代替的，无论其功能是物质上的还是精神上的。就像一台机器、一支乐队或一个运动队，没有它所有部分的通体协作就不能正常运行一样，所以一件艺术品或建筑如果不表现为一个有秩序的式样就不能实现它的功能并传递它的信息。秩序可以存在于任何程度的复杂性之中：在复活节岛上那些简单的雕像中、或伯尔尼尼创作的那些复杂的雕像中、在农舍中或在普洛密尼设计的教堂中。如果没有秩序，就没有办法说明作品在努力述说什么。

矛盾是一个缺点

这个基本事实被罗伯特·文丘里在他的一本书中弄得含混不清。他为了支持自己对包豪斯和建筑的"国际风格"的强烈反感（他对这种反感是直言不讳的），他通过引经据典的考察，提出整个建筑史都有趋向错综复杂的倾向。如果这是为了提醒我们：丰富多彩的形式创造如何与建筑秩序相符的目的而提出来的话，这种评论将是很有用的。相反，文丘里坚持用他的例子显示并进而证明内在的矛盾是有道理的。如果这种评论只是对逻辑术语的简单误用，那将不值得引起我们注意。但是术语的选择是深思熟虑的，它被引来为无秩序、混乱、生拼硬凑以及现代变态的其他毛病进行辩解，至少在理论上，文丘里表达了一种喜好。

文丘里心中的自相矛盾是对秩序的进攻。它不是由于无知或疏忽或为了一个误入歧途的目的而犯的错误。而是在于：在一个陈述中，既认为某些事物具有一种特殊的属性，而同时又否认它具有那种属性，于是就产生了矛盾。这违反了逻辑上的"排中律"，即任何属性对任何东西来说，都只能是具有它，或者不具有它。如果有人声称某种东西存在，同时又不存在的话，那他是错误的。

一件事物同时同地拥有两种相互排斥的属性是不可能的。一个物体部分是红的、部分是蓝的，或早晨看起来是蓝的而晚上看起来是红的，或在一个人看起来是蓝的而在另一个人看起来是红的，这都是可能的。虽然物体可以是两种的任一一种混合，但是在相同条件下，相同部分不能既是红色又是蓝色。它也可以履行好几种功能，假如这些功能可以共存。在两种说法转换的意义上讲，它也可以是模棱两可的，所有这些都是秩序可能和可接受的种类。但是如果说一件事物是这个又是那个，而且这两个相互排斥，就像向你汇报一件事情，它既是这个，同时又是那个，而且这两者之间相互排斥，那么所说的就是无意义的。所产生的就是无秩序，并且秩序变成了无秩序。这样无秩序地陈述事情可能是你和我的喜好；但是，它阻止事情行使自己的功能，至少在程度来说，这些功能依赖于有秩序的陈述。

对我们现在的目的而言，我想假定任何物体或机械的形式都应该符合它们的目的。一台装错了的机器可能会炸毁一座工厂，可能对社会有益但不是服务于制造该机器的目的；一个乐队的巴松管演奏者决定有时而不是经常演奏他的曲调，取而代之断断续续地演奏小提琴的曲调，结果可能令人着迷，但是预期的音乐表达就给破坏了。是否我们可以同意，作为对我们世界发挥功能的前提条件之一，每一个物体或事件都应为它的性质和目的设计一种可以理解的表达？如果同意，我们必须要求这些表达是有秩序的。如果一座建筑不能说明它是直的或弯的、是整体的还是分为几部分的、对称或不对称、简单还是复杂、昂扬还是压抑等，那恐怕只有当它想令人迷惑的时候，才算达到了目的——不过大多数情况下这并不是目的。

秩序的约束力

在有机和无机的自然界里，有秩序是如此基本的一种趋向，以至我们可以得出如下结论：除非特殊环境阻止，否则秩序都会出现。或者在任何情况下，环境允许多少就会得到多少秩序。如果情况是一个力的闭合系统，这些力就会自行调节以使系统中的张力最小。在张力最小的时候，所有的运动停止并且系统保持自身平衡，除非受到新的外力作用而条件改变。形成秩序的过程在由系统固有的约束所确定的阶段上停止。如果根本没有约束，过程将持续直到达到完全同质态——洗得极好的一付纸牌、一种充分摇晃的混合液或沸水中分子的分布等所呈现的状态。在后者情况下，秩序只存在于场中各处相同情况的普遍性之中，任何部分可以交换位置而不会丝毫改变系统。同质态是可能有的最低标准和最不丰富的一种状态，但是它是一种有秩序的状态——尽管物理学家为了他们的目的喜欢把它描述为一种无秩序状态。

建筑在所谓小区的完全相同居住单元里，也接近这种"有秩序"的最低水平，那里所有的房屋都可以互换并且观者无论走到哪里都发现自己在同一个地方。这种令人痛苦的情况在大多数情况下被避免了，因为朝着有秩序的趋势被朝着相反的趋势所约束，我们可以称之为系统的主题。主题就是形成秩序的东西，在一段音乐中，作曲家的"思想"和音乐系统的既定结构形成约束特性，使之运用于最好的可能秩序中。在建筑中，一个建筑的方案转化成一个设计的思想，这种要求源自于建筑物满足的需要，而且也是表达符号的需要——所有这些因素都使秩序化进程免于不断朝着进一步简化、对称、整齐等方向发展。同时，组成主题的这些因素服从于秩序化进程而确保它们最佳理想的实现。秩序化有利于将各部分组成整体，因此避免了累赘、冲突、自相矛盾——所有这些缺陷将会阻止作品形成它真正的本身，并且妨碍它去完成各种心理上和生理上的功能作用。

在自然界里发现的令人赞赏的结构——结晶体、原子系统、鲜花……展示出来力的图式结构，被它们的主题的约束力抑制在某种水平上，剩下的足够单独实现它们的完美形式。它们被这样的规则所支配：功能相似走向形式相似；凡是没有理由看上去不同就会看上去相同。雏菊的花瓣在颜色和形状上都很相似并且与中心的关系也相同，因为它们在系统中发挥同样的作用，作用相同本身就表现为外观相同。

秩序的三种修饰

上述是秩序在它最纯粹表现形式中的基本原理。然而，完美无瑕还需要由许多原则来修饰，我将提及其中的三个。

1. 对称或其他有规则的种类是高度秩序化的主题，但是作为主题，它们只能用在合适的地方。功能不同之处禁忌对称，一棵树或一座塔可以中心对称，因为没有理由对不同方向采取不同对待。而大多数动物则必须符合它们活动的主要方向来特殊处理，因此它们就不能采取中心对称。人脸是盛大脑的球形容器的一种必然的单面修饰。建筑的正面则明显地承认接近、入口和出口的重要性。

当心灵渴望将物体做成不规则的，那么规则的也是不可接受的。一个盒子当它只是想去完成和表达一个容器的物质功能时，那么它可以是一个简单立方体。依靠它的大小而定，它可以很适宜地装入文档的索引卡片、一台电子计算机或五千名办公人员。一个简单的立方体也可以作为一个独自物体的符号，例如权力或永恒，但是它不能反映人类精神的复杂性。复杂的结构可以被简单的形状所容纳，但不能以它来表现。

2. 任何事物都有其自身的某些独立性和完整性，但同时它又是更大范围的一部分。它可以承认非常之少的依赖，却永远不能完全地自足。苹果的对称性是相当自足的，然而它的形状显示出对长出它树枝的依赖。一座建筑物可以在设计上不考虑它的邻居，但是至少总要显示出服从地心引力，并且它通常提供出入口并使它的形状适合空气和阳光的吸收。这种物体固有的秩序与环境的相互作用的修饰不仅对它的功能来说是不可缺少的，也是它的形式和外观所期望的。一个物体看起来像独立的，但实际是依赖的，隐匿了差异可能经验为自相矛盾，因此令人不安。不真实与功能有了冲突。

一个物体对所处环境的依赖表现为干涉其形状，还是表现为改变其形状，那是不一样的。一棵树受其周围环境的阻碍可能在一侧发育不良。在自然环境中，这种部分受挫作为对占优势条件的回应情况是有意义的，并且达到了适合它周围环境的生态秩序的程度。虽然如此，但只从它自身来看，这棵树可能是丑陋的。之所以这样不是因为它的固有构造被干预了，而是因为这种干预割裂而不是修饰了构造。相比之下，如果一个人观看加利福尼亚海滨挡风的一棵松树，除非他把风理解为秩序的一部分，否则他注意到了不完美。在后者的例子中，固有对称树木的偏斜并没有大肆破坏其构造，不如说是用与整体的重构相结合的新的矢量遮掩它，物体的秩序就被转换成复杂性一个更高的层次上去了。

　　建筑师也面临同样的问题，例如，当他必须使他的设计适合一个斜面或其他不规则场地时。无论怎样，他的解决方案几乎不能由客观衡量所决定。我们所能做的并且必须做的就是制定适合于对此特殊情况作评价的原则。让我们举一个颇为极端的例子，那是建于 18 世纪晚期的巴黎马提依宫（Hôtel de Matignon）（图 90）。它被文丘里和 N·佩夫斯纳赞成并引用。问题是："前面朝向前厅，后面对着花园，虽然它们不位于同一轴线上，但也应该关于它们本身对称。"可以说这个问题通过在建筑之中转换它的轴线而解决了。这两种对称结构结合在这样一种方式里，其中的一翼成了另一个的中轴线。这种解决办法毫无疑问是巧妙的，但是人们一定要问：最后的设计究竟是两个结构的成功的联合体，还是在严格生物学意义上的怪物。

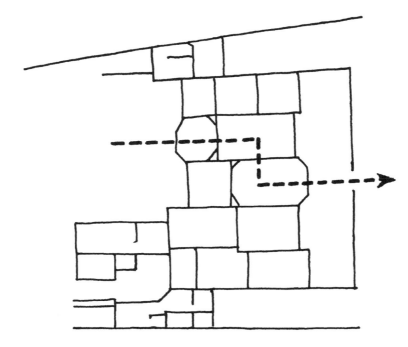

图 90

　　建筑上应用的这个设计不仅使我们想起音乐家称作的等音转换，那就是从一个音调几乎不知不觉地转向另一音调，其中某些音程作为桥梁在两个音调中履行不同的作用，因此表现出身兼二任之职。在过渡的时刻，依据听者的性情，会产生出轻微的晕眩、冷淡或振奋的感觉，因为暂时失去了原参照系的参照。

作为我要讨论的一个简单例子，图 91 再现了让-马里耶·勒克莱尔（Jean-Marie Leclair）（1697—1764）一段小提琴奏鸣曲。两个谱号记录的音高相同，但要以不同的形式书写，因为一方面降 b 给人的感受是前面的 D 音的陡升，所以用记号体现出它跃出的半音，并表明它与下方的属音 a 之间的关系。另一方面，升 a 则是后面的 B 音的前导，升调号能表达它受到的上冲压力，因此要用不同的谱号表现它们在不同的结构语境中的功能。

图 91

在音乐中，最典型的特征可能在理查德·瓦格纳（Richard Wagner）的作品中，这种设计被认为不仅是可应用的而且是从绝对标准、特殊的哲学态度中表现自由的一个重要风格上的意义。然而把建筑的变化和音乐的变调简单等同起来是不可行的。诚然，当观者穿过巴黎宾馆时，他将从最初的结构慢慢地移到那个可以代替它的结构——一种与听刚才讨论的那种音乐时非常相似的体验，包括令人迷惑的过渡阶段。但是音乐从本性上说是一个连续性的，因此从一个参考系到另一个参考系的转换是作品整个场景的转变。仿佛是一幕剧，故事从船上移到了岛屿上。然而，一种纯粹连续性的建筑体验永远也不能充分公正地评价建筑物，因为建筑是作为整体存在的空间实体。

在建筑这个例子中，如果要理解那个建筑物，就必须掌握在整个空间意象中同时并存的两种对称系统，尽管在直觉中从来没有过这种同时存在的感觉。因此很有必要超越观者的连续感知而看建筑的总体设计。诚然，因为马提侬宫根据其环境想要用于双重目的，它的设计必须在那个环境中加以考虑。但是那种建筑还是要具有自己的结构，所以当它完成连接周围环境条件的任务时，它也必须表现出与自身构成整体的一种形式。虽然关于建筑的成功与失败的裁决基于批评家们，但是他评判所应依据的原则还是能够明确规定的。

参照理查德·瓦格纳，即参考一个大致可以比较的时期的音乐风格，就可以明显地说：上述法国的建筑方案不能简单作为解决实际问题的聪明办法。所采用的表现手法的本质和它被认为可接受的甚至是所希望的事实必须被看作是风格上的表现；因为所有的建筑体验在本质上都是象征性的，我们必须记住建筑的意志是创造相对论世界观的空间隐喻。

3. 还有修饰纯粹秩序的完美形式的第三个原理。在想要的或固有的模式与实际实施之间一定存在差距。一个装饰品的图案再现了雏菊的花冠，通过展示对称的星形达到完美而使我们愉悦。然而这种完美也可能被认为是冷酷的或无生命的。我们可能发现它适合于作为平静和谐地围绕我们周围的装饰，但是它很难恰如其分地作为更充实意义上的生命的映像。我们的生命似乎大部分是在理想的模式与强加于它们身上的妨碍、变化、瑕疵之间的相互作用，因为我们的世界不是由毫无差错的能源运转的机械车间。一朵真正的雏菊花瓣通常不会非常相似并且不会把它们自己排列成完美的秩序。我们可能喜欢这种作为顺应个体冲动多样性的行为方式映像的不完美。我们珍惜它们是因为它们证明我们的自由远离机械的复制。

如何制造杂音

最好记住自然行为的"杂音"性质的浪漫情感是一种特殊的风格喜好而不是普遍原理。尤其建筑几乎是以几何上的完美和对称为目的的。建造者力图使平行元素精确地相似，而诸如希腊神庙的"高雅"之类的细微变化，只是为特殊目的而采用的。当我们珍视古代大理石柱展示它原初的山脉亲和力时，我们沉迷于感伤之中，但这种感伤是当时雕刻它的人所没有的。同样，"无名"建筑的缺陷主要也不是由于喜欢质朴所造成的。

建筑有表现张力、冲突、变形以及类似平静和谐的修饰方式，但是有机和无机瑕疵的"杂音"一般来说却不是它们中的一个。然而最近对简单整齐秩序的反对已经达到了企图把它囊括在建筑中这些合法技巧的程度。通过哪些原则我们能评价这些企图呢？来看下面的例子。在马萨诸塞的剑桥，一些古老的人行道依然是用砖铺砌的，随意铺在沙子上的砖头，冬天由于霜冻而隆起，被树根推向旁边，还被行人踩得移了位。这种不规则性使走路很费劲而且还很危险，但是它也有前工业手工工艺和拓荒者粗糙道路的迷人之处。显然，故意模仿这种效果是荒谬的，它的价值恰恰是因为它表明自然环境的力量在反抗人类机械化方面而起的作用。波托盖希在提及"无名"建筑时阐明了这个观点：

> 现代建筑曾发现了令人困惑的自然综合或者没有建筑师的建筑，以及由不同的人在不同的时代生产的相似单元被一个挨一个地排列从而产生不重复的和谐。一旦由时间和经过一代又一代人的积淀所创造出来这种美的类型，在文学中被发现并赞美，人们在实验室里含糊地模仿它的形式，天真地试着去获得它、复制它，不理解形式是由历史过程产生的，没有过程的承载是得不到它的。

缺乏理由的模仿将是一种欺骗（蜡花含蓄的典雅在于它们呈现的是一种柏拉图主义完美的植物。当它们进一步发展并且模仿个体样本的瑕疵以及枯萎呈现的凋败，它们真的变得很鄙俗）。被不规则的砖所启发的一位设计师可能赋予给平平的路面一些节奏变化，或者错落有致的随机分布而使之有生气——那是被他发明和强加给路面的某种秩序。一种选择方案是让偶然的力量起作用，寻求那种用于碰运气的音乐效果，或最近令人倒胃的和人体一样大小的由食物做成的模型，放在街道上，任凭风吹雨打和动物侵害而渐渐损耗残破。然而对偶然效果的机械复制，作为一个窘迫的伎俩在现实中被绝大多数艺术家所拒绝，尽管它可能在理论上被鼓吹。

同样的感觉是关于古镇迷人的非理性，其中部分设计是由相反的努力所弥补，一代人与下一代有冲突，代沟被不同意图的设计所填平。资金缺乏和主意改变妨碍了原初的设想，以及自然力修改了建造者创造的东西。然而我们从混乱的汽车加油站、冷饮店、旅馆、酒吧和停车场的极端不和谐中恐怕很难获得类似的乐趣。这些现代无秩序的例子的混杂粗俗与古老相似的东西区分开来，就像胡乱发出的"杂音"上升到刺耳的喧闹一样。这种传统实例典型地表明了视觉和功能器官组织的健全感觉，它们对时间变迁而堆砌的不合理模式非常敏感；我们的交通动脉的商业污染，由于追求直接的个人利益而正遭受难以忍受的忽视。

我现在主要讨论的是所有的这些情况（包括吸引人的和使人反感的类似东西），都是通过冲动和动机符合逻辑地出现的一群复合体。在它们许多因素的背后都有一个可信的因果律。如果一位设计师被这种难以驾驭的复杂性所吸引，打算把它作为灵感，那么他可能通过自己的创造和控制的设计来阐释它，但是他不能简单复制或采用它。社会和历史的力量以及自然的力量可能令人心烦地表现自己，但是它们是令人敬畏的壮观和必然性的力量，在原则上不同于未成年人的顽皮的不负责任。

无秩序的原因和效果

无秩序指的是什么？并不简单地指秩序极端缺乏。我在前面提出过，当结构的结合被简化时，各个组成部分就变成可以互换的，而且主要的构造就变成同质的了。我也说过，与物理学家的术语相反，这种同质性需要被认为是一种有秩序的状态，尽管在一种非常简单的水平上。无秩序是其他的东西，它是由部分秩序之间不调和、它们之间缺乏有条件的关系而产生的。在无秩序状态中存在的关系可能同样是良好的其他方式，它们纯粹是偶然性的。有秩序的排列被一种总体原则所支配；而无秩序的则不然。

然而，一个无秩序排列的组成必须在它们本身之中有秩序，或者它们之中缺少控制关系将不会破坏任何东西，不会使任何人沮丧。如果没有旋律就不能妨碍它，除非有个旋律存在。并且一个旋律不能与另一个旋律不相容，除非它们每一个都拥有它自己的结构。因此我给无秩序下定义为"不协调秩序的冲突"。

在详细分析更复杂的实例之前，我请读者看一眼图 92，一栋公寓大楼不可分辨的外观。每个要素清楚可辨而且有秩序：垂直构架的轮廓、窗户、彩色的方块以及它们之间的空间。然而总体设计却是难以辨认的，因为人们所试图追随的每一种关系都被无关的反作用所破坏。在某人试图建立起的关系中，每个部件都被推来推去，推上推下，结果令人困惑。

一个很值得关注的范例可以在帕维亚（Pavia）的切尔托萨修道院（Certosa）的立面中找到（图 93）。这个修道院的外部表明是从哥特向文艺复兴风格的过渡。弗莱彻（Fletcher）在他的《建筑的历史》（History of Architecture）中说这个教堂的西立面是于 1473 年至 1540 年间用大理石建成的。在这项工程中，雕塑家、建筑师焦万纳·阿马德奥（Giovanni Amadeo）：

　　　　既是雕塑家又参与设计，在 1491 年开始掌管这项工程。那时一定量的加工好的大理石正准备安装就位，还有几位雕塑家也参与

图 **92**（照片：
John Gay）

了工作。上半部分很简单，由于在工程的进行中停止了，正立面的框架、带着华盖和小尖塔的礅柱，部分仍然是哥特式的，但是添加了文艺复兴的特色，如装饰极其丰富的窗户、券廊以及壁龛里的雕像，它们与雕刻的装饰以及圆形浮雕一起，使之成为西方建筑和雕塑史上最精美的组合之一。

对此需要补充的是：这个立面是未完成的，在顶部缺少了《意大利指南》中所说的"花冠"东西。

建筑作品经常是在不适宜的情况下建成的。在这个特殊的例子中，最终合成的视觉无秩序是明显的。从西面走近这座建筑，我们看见一个构图复杂的表面，除了中间的拱型门和带三角楣饰的圆花窗外，这个立面没有清晰地被任何显著特征所细分。大门被设置在中间的开间处，标

图 93
帕维亚的切尔
托萨修道院

识出正面对称轴。这个中心被每侧的一对具有相似宽度和高度的开间从
侧翼包围。整体被两个带有尖顶的塔加上了框，然而，这个基本主题只
有通过一定的努力并顶住许多反证，才能够从整体外观设计仅带有的一
些效果中提炼出来。中间的开间并没有真正统治这个视觉结构，因为节
奏很强的横向开间并不甘于居于从属的两翼。它们暗示出五个大致相同
强度相协调的垂直单元，从而否定了对称设计中的主次分明。人们不能
分辨出它的意图，因为两种结构式样相互冲突。由于矮券廊像一根大梁
横切五个开间，加之中间三间的屋顶轮廓线单调，使立面更显得平均化
了。另外，券廊在立面的上部和下部之间所暗示出来的划分，并不是水
平延伸的适当的自足性在较高或较低水平上产生出来的。

　　由于矛盾关系之间的斗争，观者无论在哪里都会觉得困惑。一层的四
个窗户，若从开的和不开的窗户之间应有区别来说，过于相似了；若确认
它们相同的话，则它们又过于不相似了。在券廊的上面，我们看见一排并
列的结构物，它们像互不相关的建筑的顶部那样一个个站在旁边。在数量
上是五个还是七个依赖于把中间三个开间看作是三个分开的单元还是一个
单元——设计本身没有告诉我们任何有利于做决定的东西。四个侧间上的
尖顶，没有在中间三间的屋顶上得到呼应，因此中间三间像是没有建完，
或者被削掉了顶部似的。正像它们实际的那个样子。在未定关系之中的最

终无秩序阻碍观者理解建筑要告诉给他的东西。

无秩序的结果从不协调的力量的作用中滋生出来。在无秩序的心灵中、团队或社会中，推向不同方向的诸力不能形成一种一致的作用。一篇无秩序的文章或一件艺术作品，是其创造者留下的一大堆乱七八糟的思想或主题。因为没有解决好的冲突，无秩序的系统显示出高度紧张，直接趋向于消解，因此张力减小。当一个场里的各种力可以互相作用时，它们在可以获得最佳秩序的方向中重新组织。当然，一旦各种力被凝结了，这种自由就不可能再获得了。当建筑物或复杂建筑物建成以后，约束也就确定了，除非根本性的改建或全部毁坏。然而，在观看这种凝固的一大堆无秩序的东西时，人们在这无条理的成分中的一个感觉趋势就是要把它们分成或转换成一个好的排列，在错误处理的形状中的这种被阻止的冲突创造了一个丑陋的、令人不快的特征。

对无秩序结果的各种力可能在相当肤浅水平上起作用。在特殊的文化条件下，任何健康儿童的艺术作品中未受损坏的关于优美形式的固有感觉停止了。理智上获得的标准和尺度、不动脑筋的模仿、无计划的生产，取代了搭配很好的直觉感觉的东西。并且当廉价的机器生产从需要用男人和女人的手来发明和制造东西中把他们解放出来，内在的秩序感由于被忽视而萎缩了。这种年轻建筑师必备却可能被剥夺的才智，教师给予不了，而只能在他体内唤醒和恢复。

对形式的自然感觉的这种破坏性干扰可能影响我们世界的面貌，但它未必在人性和社会结构中表现出深刻的不协调，这种失调可能是表面的。然而在西方世界目前情况下，似乎很有证据表明，我们累积在一起的许多痛苦的丑陋东西反映了一种个体化了的情绪。其中，不同的思维和行为方式没有合作地累积起来，并且没有根本性的指导具有足够强大的力量去控制无限的可能性。同样的个体化了的是我们的社会生活，它诱使我们把人类社会看成是个人的集合，尽可能多地彼此忽略或忽视。在他们的事情中，宁可要竞争而不要合作。我们所提出的建筑中关系的缺乏，正如社会学家所称作的"社会反常"的外化。

无秩序的情况可以由它们整体外观产生不快的直觉发现。人们通过分析各部分之间的差异试图解释它们。但是从定义上讲，没有整体的结构。面对互不相关的单元，人们对它们的反应仅是从具体条件中选取特殊的项目，并且处理它们时不考虑其他因素，用东西遮住部分视力，那只会有碍于理智的行为。

我们闭上眼睛使之免于强光的伤害。当我们面对绝大多数的无秩序时，一种相似的基本生理反应使我们关闭组织我们周围世界的自发努力。取而代之的是我们全神贯注于我们直接目的的孤立目标。同样的原因，我们发现对古老的意大利或荷兰没受到破坏的城市景观的反应可能很吃力。每一个建筑对我们进行的述说如此强调理解，以至于我们不能忽视它。整个街道或广场的连贯性阻止我们在同一时间把我们的注意力舒服地固定在一个目标上。当知觉到的秩序要求综合理解的时候，由无秩序的内部环境激起的盲目保护性不能起作用了，我们发现自己被提升到理智转换的痛苦阶段。

西柏林的著名广场之一，建于 1893 年并且在二战中差点遭到毁灭的一个新罗马风格的教堂，作为那个黑暗岁月的纪念品被保留下来。然而，与此同时，被毁坏的教堂由一个设计与其不同风格的现代教堂所补充，由一个简单的八边形和相同的几何形钟楼所组成（图 94）。在一个场景里没法综合这两个建筑，因此，尽管它们相邻，心里却不能够把它们同时综合起来。当人们接受这个黑暗的、被大火毁坏的罗马风格的残迹，这个现代建筑就在恐怖的幽灵中蒸发了；反之，当整洁、完整、坚固的新教堂强加给我们的时候，老教堂的残迹又消失了。这是因为一种方式与两种不能共存的因素抗衡的结果，消除它们其中的一个而剩下另一个。

图 94

把上述效果与古罗马广场（Forum Romanum）的安东尼与福斯蒂纳神庙（Antoninus and Faustina）（图95）的效果相比较。这个罗马神庙建于公元2世纪，于1602年在外观上加入了文艺复兴的风格。门廊是典型的古典主义，希腊科林斯的柱头为我们增加了更有活力的上部结构。顶部符合罗马结构的规范；同时丰富了它，根据一种新的品位，在上部采用一种向外轻快舒展的卷形及收敛的侧翼。从一个比较简单的基础向一个精美柱头的和谐发展引入了秩序的一个要素。

图95

有人可能反对我关于观者对柏林两个不相容教堂的反应所做的描述。为了避免一起观看它们而遭受批评，从而拒绝接受建筑陈述的信息，就是在帝国的崩溃显露出独裁的疯狂与新时代的理智之间的对比。然而这种对抗不能通过不相关的建筑的无秩序生拉硬配在一起而得到。对比或冲突是关系性的，因此只有通过双方的一个秩序的综合理解才能得出。无秩序的安排的确使各个部分不能彼此衔接，既不协调也不调和，因为它们彼此迂回通过而不能碰面。自相矛盾的是，无秩序只有通过秩序再现出来。只有一个受控制的描述，它才是历史的报告、绘画或音乐的组成，才能定义斗争力的性质、位置和方向，因此，表明它们缺少相互关系。

然而这种论证几乎不是建筑设计的功能。一栋建筑可以被用作政治家、法官、律师和拳击手之间的斗争的场所，但是它不能参加他们的斗争。它可以为斗争的力量提供一个竞技场，因此它可以有选择地进行描述。正如帕德教神庙西面的三角楣饰所示，雅典娜和海神在为争夺对雅典的所有权而进行的战斗中挥舞着它们的武器；但是它只能把它们作为综合整体的元素加以表现。建筑不能是无秩序的，一个无秩序的物体可以充当无秩序物的表现，但是不能作为它的象征或说明。如果一个建筑本身是无秩序的，它对存在的无秩序不会做出任何陈述，而只是混合它而已。

复杂性的诸层次

秩序在所有复杂性层次上都能见到。结构越复杂，对秩序要求越高，成就越大也就越令人赞美，因此它很难达到。文丘里列举了许多非常好的关于复杂性的例子。但是他错误地宣称这些复杂的东西陷入矛盾中因此是无秩序的，而事实上，它们中的大部分不是这样的。矛盾这个术语的误用，一定不能被同意用来证明故意无秩序存在的合理性，这些故意无秩序是由于我们时代社会的分化以及形式感的崩溃而造成的。

我将通过对比的概念来阐明这种不同，在任一二维的图形里，例如，纵向和横向维度的对比，它们一起完成了平面的构成，而不造成矛盾，它们互相保持平衡。同样，任何种类的对称也是这样，它总是方向对比达到平衡。前面我曾提到这种感性体验，当观者走近或横穿一个建筑场景时，建筑场景似乎向他移动，那也是对比，但决不是内在的矛盾，这种对比运动属于这种情况的不同部分。如果同一个物体被看见前行，同时又向后退去，那么结果将是自相矛盾的，并且令人困惑。

这里我必须再次提到模糊性并证明有两种模糊性。一座有秩序的建筑可以具有模糊性，例如，同一个建筑在一个背景下看起来很高，在另一个背景下看起来又很低。这里没有矛盾，只是增加了复杂性。然而当同一个东西在相同的情况下游移不定时，模糊性才变得令人不安，例如，它一会儿看起来是弯的，一会儿又是直的，进而扰乱整体设计中的特殊视觉功能。

在复杂的音乐节奏中，钢琴家可以用右手弹三连音符，而用左手弹连续十六音符，这不会产生矛盾。在威斯教堂（Wieskirche）里没有任何矛盾，"与墙壁紧密平行延伸的柱廊有节奏的变化与壁柱和墙体敞开的窗户并列对照"（文丘里）。诚然，在这样一座建筑里，使不一致的平行序列整体化是要经过努力的，但是在它们的关系中辨别出秩序是一个有益的经验。

有人可能说，作为空间上面的水平板和空间下面的顶棚的水平楼板存在矛盾；实际上，在正面图的图纸中，楼板的剖面显示的仅是两个楼层之间的一条线，给观者一个"轮廓线竞争"的情形。不过，对建筑里的居住者来说，并不存在这种争议，上层的地板和下层的顶棚在不同理解的话语中出现，只有好奇的探索者竭力使楼板的双重真实性形象化为一个单一的形象，才会产生晕船的感觉。

有秩序的复杂性的最普通的根源之一是偏离标准。当图 96a 被看成是一个倾斜的长方形时，它不是它本身那个形状而是作为标准那个简化了的形状的变形。这个标准是感觉本身的真实外观，尽管没有被确切地表现出来。任何偏离实际呈现标准的感知赋予物体以强烈的动态张力，直接趋向标准或远离它。动力是在所有艺术中通过这种方式创造出来，尤其是音乐，例如，由全音阶基础的偏离使在旋律间距中张力得到表现，并且切分给张力节奏顺序。巴洛克风格正面的角度和曲线与平面偏离提供了强烈的视觉动力。它们给了原初一个直正面由于被挤压和弯曲而收缩的印象。16 世纪一个简化的例子是罗马的马斯密宫（Palazzo Massimi）的凸面，它给路人暗示出像图 96b 一个那样鼓起的变形。这个形状使建筑适应街道原来的曲率，因此再现了我前面描述过的作为偏离简单秩序以回应空间环境条件的例子。

a   b   图 96

复杂性的敌人是不相容性，即无秩序。一个复杂的式样把各种不同的元素，包括大小、形状、方向、颜色以及纹理等混合在同一构造中，并且经常把大批差不多的独立部分组成一个整体，所以辐散的布置容易形成分离。因此，对确定一个复杂的结构成功或失败条件的仔细研究是非常有用的。我在此所能提出的也只是个大略的评论。

一个强大的基础结构能够容纳一定数量的偏离而不会受到它的危害。如果偏离是随意的也是这样，所以把那些偏离仅仅看作是"杂音"而不是它们本身的形状。保罗·朱克描述过"核心广场"———一个松散排列被一个中心重点，如纪念碑、喷泉或方尖碑凝聚在一起，它们结合"外围的异质元素成为一个视觉单元。这个空间的单一性没有受到常规布局的不规则性或相邻建筑的随意位置、大小或形状所危害。"一个强大的结构会加强自己，即使是大体上实现。它可以处理一定数量的杂质。这可以在分裂和腐蚀中，或者当一个建筑残缺不全或重修所替代时观察到。

当偏离足够强大以至于能够颠覆整个式样时，秩序才受到威胁。这种问题在波士顿的约翰·汉考克大厦（图6）的巨大办公楼把一个视觉的楔子斜着插进一个由优美的矩形广场所统治的区域所创造出来。这个巨大的新结构在它的反光玻璃墙中暴露了它的内疚与不安。我顺便提一下，总体反射的感性效果比它所给予我们的更值得注意。反射能照出不相关的视觉世界的一部分，例如，一条街道或天空。但是一个设计可以吸收有限数量的外来物质而不失去它本身。一个大楼整个被反光的玻璃覆盖造成了痛苦的矛盾，因为呈现了对现在它所是的事实的视觉否定——是否有益于揭示隐形人进入建筑的秘密？

图97a概要地描述了一个例子，在它里面的一个闯入者，对吸入到统治结构来说它太强了。尽管如此，它还是太弱不能充当起一个平衡的颠覆势力。这种平衡在图97b中取得了，图中两个单位重叠起来，足够强大以至于一起形成整体的高级坐标结构。可以看出，两个次整体之间的关系既可以取决于协作也可以取决于从属关系。在如图97c的布置中，无论当对角线单元与周围框架在视觉重力上相等，还是当争斗的任一方清楚地使另一方从属于自己的框架时，必要的平衡就达到了。如果这些平衡没有取得，这些图形将摇摆不定，看起来好像它在稳定解决的路上停了下来，因此它不能提供关于它的特性或意义的可辨别性的陈述。由于历史的偶然性，一个空间迷失方向有教育意义的例子由西斯纳教堂呈现出来。原教堂在13世纪和14世纪建立以后，又想建一座与它成直角的新教堂而把它当作横翼。这个工程没有完成，新建的依然耸立的正厅足以暗示出由教堂（图98）的两个相互排斥的版本所造成的矛盾。当原来的建筑被认为处在这个大的背景下时，看起来既大又小、支配又从属、完整又残缺，所有这一切都在同时发生。

正如我在前面所说的那样，没有办法客观证明一个特定形状的集合物是有秩序的并且是成功的，或者是无秩序因此不适合作为建筑的目的。这样的判断，虽然是基于客观理解的特性，却仍然是直觉的，因为它们源自于它们相互关系中的各种视觉力的重量。对一个观者是平衡的东西，另一个观者来说可能就是不平衡的。但是，面对一个物体，人们

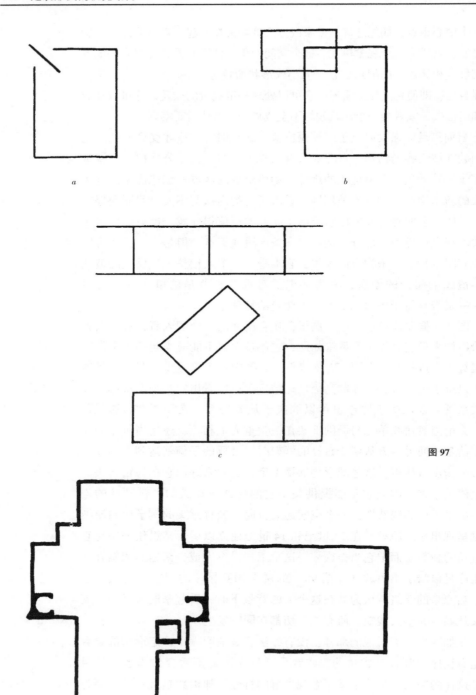

图 97

图 98

可以指出各种动力的构成、它们的功能和相对的力量，因此可以来劝说
看法不同的人。所以它也可能客观地建立起直觉评判遵循的秩序标准，
因此我选择了几个曾引起分歧意见的古典例子，试图来说明复杂性发生
作用的过程。

庇亚城门

　　谈到米开朗琪罗为庇亚城门做的设计，经验丰富的观察家拉斯穆森
断言"努力端详大门口的观众不会有和谐或平衡的感觉。如果没有它的
对立面挤进图案并要求给予注意，就不可能选出一种形式并且试图得到
一个清晰的图案"（图99）。拉斯穆森的描述继续在一些细节上并得出
结论：米开朗琪罗通过把"难以置信多的巴洛克的细节……从大平面墙
到中心，它们在巨大的冲突中碰撞。"一个和谐和敏锐的判断来自雅各
布·布尔克哈特（Jakob Burckhardt），他在《观光客》（*Cicerone*）中称
庇亚城门：

　　　　"一座臭名昭著的建筑，表面只是异想天开；实际却是有内
　　在法则，这个怪物为他本身而创造，生活在这些比例和特殊形状
　　的局部效果中，虽然它们在它们本身当中却完全是独断的。那些
　　窗户、带着强有力的阴影的三角楣饰等与主线条一起形成一个整
　　体，甚至人们一眼就能看出那正是一位伟大的、虽然误入歧途的
　　艺术家所创造的。这种任意几乎是出自一个必然性的决定所支
　　配的。"

　　正像那些评论指出，处于关系中的正门自身与顶楼可能有些不一
致，顶楼延伸了正门的纵向尺寸超过了雉堞顶线，并在大小、形状上粗
略地重复正门。这个关系创造了一个无秩序典型的例子。这两个基本单
元既不真正地相似，也不真正不同。如果它们完全相似，它们的关系可
以看作是一种复制，那就是把秩序定义在一个纯形式感上。但是甚至在
那种情况下，形式的相似性与大门和塔楼的实际功能和视觉功能的差异
也发生冲突。这两个单元不能被看作是互相连续的，因为大门既没有表
现出自己作为顶楼的基础，顶楼也没采取大门的形式。所以这里是一个
真正的无秩序；但是这种特殊的关系几乎不是讨论建筑意图的合适主
题，因为不仅米开朗琪罗不可能直接参与顶楼的设计，而且它现在的形

状也是一个 19 世纪的恢复品，似乎比原来低了些。因此我将把讨论限定在正门本身，这才是米开朗琪罗实际的兴趣所在。

图 99
罗马庇亚城门
（照片：Alinari）

　　正门本身呈现一个直立的结构，高约是宽的两倍，镶嵌在墙里但本身却保持独立和完整。顶楼使它纵向延伸超过了楼顶并且作为奥雷莲（Aurelian）城墙的横向对位物，其中，它是一个完整的部分。正门是城墙通道的视觉指示物，带有出入这座教皇城市的相当重要城门的标志和联系的装饰。正门的设计被左右两个附属窗所回应；通过它们的形状的相似性把城门与城墙联系了起来，同时通过它们自己相对较小使门口赫然耸立而变大。正门本身采取了箭头的形式，探寻屋顶线的阻力却没有过分破坏它。我们见到了在坚固的大面积城墙与城墙令人生畏的垂直性的挑战之间动力的相互作用。

整个箭头形状的垂直性被带凹槽的门框所强调。如果这种垂直没有上面横向的东西、下面的额枋和街道的水平面的抗衡，整个结构将向上飞腾。这个台轮充当了一个强有力的阻止者。向上的运动被高悬的三角楣饰和飞檐进一步所阻挡，它们以向下压来的荷重进一步抵消了向上的运动。

在它的整个轮廓中，箭头的形状集中在三角楣饰的尖端。但是为了保持在原处，这个结构必须用四周环绕大量东西的内部中心来补偿直接向外的顶端驱力。这个中心位于通道处，大约在整个正门的上半部，被门框内的同心槽所指明。然而如果这个占统治地位的内部中心没有被争夺，向上和向下的重量的同等分布将会破坏整体的飞升效果。因此另一个中心在额枋的徽章中提供了。这个徽章强调了额枋作为纵向三部分的中心：徽章水平地置于下面的门洞和上面的三角楣饰之间。由于它被放置的有些高，于是它把重力的中心提到了结构的上半部分——这就造成了又一个上升的动势。

上升的运动也从下面引进来，在那里门洞被夸大进箭头形正门的视觉不朽之作中。这个过程在三个主要阶段发生，在门洞的拱处开始渐强，在横楣处停下变平。在下一个阶段，拱被允许按半个圆运动，在第三个阶段，最后强度的增加使拱转换到了尖尖的山墙里。山墙是向上提升最强的地方，却再次提供了抗衡：花环带着大量的重力向下压，长方形的匾又一次重复水平额枋的阻滞作用。

这种描述充其量列举了不同的矢量，并指出它们的方向以及它们之间的大致强度和相互关系。描述所不能做的是证明这些动力在优美的秩序中相互平衡的根本性断言。然而这个秩序的事实是基本的，没有它，米开朗琪罗大门的动力主题就不能阐明它的陈述。

庇亚城门的设计主要由几种简单的几何图形组成：长方形、三角形、圆形和弓形。但是也有更为复杂的图形，例如在门洞的框架内，它是一个拱和一个由门柱和门楣组成的长方形结合体的结合（图100）。在这些亲代的图形中，创造出了大量的张力：拱竭力要切去带角的裂口并把扁平体压成一个弧；门柱和门楣竭力通过摆脱它们被切断的角而完成它们的长方形式样。这些对抗的力在一个有秩序的平衡中相互依存。更多的张力由拱石产生出来，拱石失去了它们在平稳的拱中应该具有的对称。它们以标准形状的变形体的形式出现在拱顶石中。

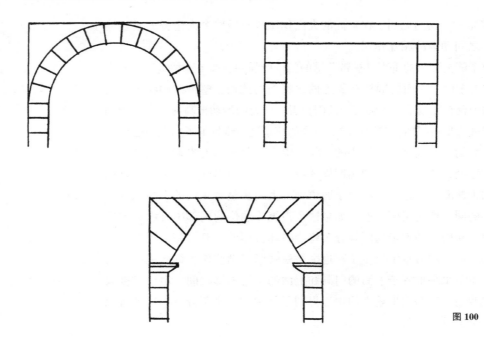

图 100

　　另一个标准形状的偏差发生在额枋的横向边界内。为了延伸壁柱的边框作用，它们被分成了三部分。在纵向和横向两种对抗力之间还有一个微妙的平衡，它们互相适应对方而分段，但是充分持续地保持自己完整的延伸。总之，我们在米开朗琪罗的设计中注意到在简单形状聚集起来的整体之间一个典型的区别，每一个都完善自身，并且形状在一个大的整体中相互撞击又互相完善。通过把较简单的与较复杂的形状组织结合起来，庇亚城门例证了早期和晚期建筑风格之间的过渡，再现了秩序的两个层面。

形状的相互作用

　　在由简单形状、自足的部分组成的整体秩序在人们心中感觉很舒适，每一个部分本身都成为一个整体，可以单独对待。在它自己的组织方面可以被理解和判断，并且组成部分之间的相互关系相当松散。早期的视觉概念形式偏爱这种构成，例如它们在儿童的绘画中、在简单控制的几何单元的组成中、在其他种类的艺术初期阶段被发现。这种状态也是一种视觉控制的特征，与运动控制的具有更多动力的形状不同（参见114 页）。建筑中这种附加概念的最基本形式存在于由标准单元构成的整体建筑中。这个过程通过把砖结合在一起形成了墙，或通过日本传统的方法——源自于房子的尺寸以及标准的榻榻米垫子的 2∶1 的比例而得到了技术上的例证。

当建造者把砖石或木板放在一起时，他们就开始了分析。由简单构成整体的相应心理学方法，独立的部分也是一种原教主义。对建筑师来说，也和在其他媒介中的同行一样，当想像变得如此丰富以至于理解的组织已经达到他所能处理的复杂性的极限时就返回了。作为对哥特风格的辩证反向运动，早期文艺复兴的建筑师，诸如布鲁内莱斯基（Brunelleschi）和阿尔贝蒂（Alberti），从罗马风格建筑（例如佛罗伦萨的圣米尼阿托教堂）的设计返回到简单的几何单元。在象征性意义上说，一种风格给各个部分留有大量的自治和独立可能与社会是相同的，在社会中的每一个公民、城镇和国家统治着他自己的小王国，并且尽力保持他个体的完整性。

尽管成分相对独立，还是被紧紧组织起来的秩序使这样的式样结合在一起。一个对称的立面是由左右相同的单元组成，一系列拱和窗户加在一起形成一个统一的水平带。不对称的结构，如建于 1958—1959 年的荷兰伊尔盼德姆（Ilpendam）、由格里特·里特韦尔（Gerrit Rietveld）设计的范登德尔宾馆，留给了各个单元更多的独立（图 101）。尽管如此，长方形成分在高度综合的整体中延伸并且互相均衡。而且也注意到，这种式样的视觉动力比吸引观者眼睛的形状所暗示出的东西更为复杂。例如，当这些立方单元加起来形成一个金字塔时，烟囱是顶峰，它们的每一个合并成对角的吸引，符合整体建筑的轮廓。两个以上的特殊例子才可能说明这种感性的相互作用现象。

图 101
范登德尔宾馆

在图 102 中，两个长方形任意一个都是关于本身对称的。然而，它们的比例和相互倾斜关系都不同，因此创造了一个复杂的动力。黑色形状没有位于中心，它像一块橡皮一样，挤压左边的空间而拉宽右边的空间。这种倾斜安排引进了对对角线的重视；并且几个倾斜又不能平行的线条努力彼此保持独立：长方形的对角线和它们上角之间的连线。这样一个简单形状的结合体创造了相当可观的张力。

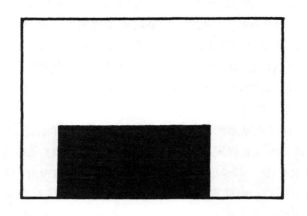

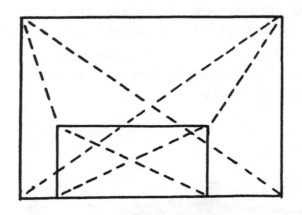

图 102

或者看看布鲁内莱斯基设计的佛罗伦萨的育儿医院（Foundling Hospital）拱廊的三角拱腹（图 103）。它们是用罗比亚地卢卡著名的圆雕饰进行装饰，它们是圆形的——最简单、最平稳的形状。但是它们被挤压在一个狭窄的空间里，被它们的邻居所挤压，即上面水平的壁带和两侧扩展的拱。如果这些邻居按照自己的愿望，这些圆雕饰的托盘将会变形成为某种三角形。作为回应，圆雕饰施加反压力，向上推着壁带并威胁凹陷拱的完整。虽然这些不同的压力没有产生物理效果，它们却对知觉动力产生了强烈的影响，它们使这些简单的几何形状生机勃勃并且在它们之间生成了复杂的相互作用。这些不同的成分似乎被它们的相互影响绑在了一起，结果导致了总体设计更为紧密的内聚力。

图 103

如果知觉张力有实际的力量改变建筑成分，它们将呈现出文丘里那样的例子，采用特里斯坦·爱德华兹（Trystan Edwards）提出的术语，叫屈折的部分。我认为屈折的形状必须被期待满足下面知觉条件：它们必须被认为是简单标准形状的变形；并且这些变形必须被认为是通过推拉周围那些东西而产生的。由变形导致的不平衡也必须在整体的平衡式样中得到补偿。庇亚城门的门框中变形的拱石就是一个例子（图 100）。

变格作为一种我在前面讨论的妨碍潜在秩序而被认出来：蒙特雷松树被风变格了。变格这个术语被精心挑选出来是因为它被文法家用于口语描绘一个相似过程，即名词通过自己本身变形，以便在句子中表达名词作用，它依赖另一个名词，用来作为目标或工具等。这些变格发生在拉丁语中，作为区别，例如与英语名词的区分，它们保持原样并且通过增加介词表达关系。

我在儿童绘画的一个分析中曾指出在视觉和语言形式之间的这种相似，其中变格是通过成分在较复杂的整体中的融合表现出来的。图 104a 表示的是通过相当简单单元结合一起的鱼的绘画，图 104b 是同一个孩子稍大一点时画的，把这些构成部分融入一个单一而且更为复杂的整体里。建筑一个相似的例子是伸展进拱顶肋部的哥特柱身的门柱和门楣的融合，例如，在图卢兹的雅各宾教堂（Church of the Jacobins）的"棕榈树"中，或在赖特设计的约翰逊·瓦克斯（Johnson Wax）大楼的"百

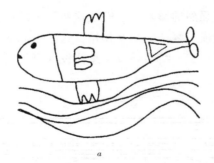

a

b

图 104

合花垫柱"。只要垂直和水平维度被赋予不同成分，形状就会保持简单、张力小并且整体的一致性松散。但是当一个简单的视觉单元因为支撑水平屋顶的垂直线的弯曲而变格时，形状就变得复杂起来，曲线创造了张力，整体连续的单元在细分部分重叠（图 105）。

　　动力另一源泉来自于空间方向对垂直和水平框架的依赖。只要这个框架被分开的构件清晰表现出来，朝向就很简明。当这两个维度整合在一个连续的形状里，心灵必须把它们从它们的伪装中解救出来。在注意到的统一和根本分离之间的差异创造了张力，在动力方面的增加，这可能受欢迎或被拒绝。

　　设计师运用工序由简单形状组成一个式样可与建造者用成分（例如石头）建造一面墙相比较。另一方面，在复杂整体中的基础功能和方向的融合类似于有机生长，有机生长的建造是通过无缝的连续以及连接缝的处理而不是明显分开的部分。浇筑混凝土最适宜这种生物形态形象，然而在把分离的部分建造成个体形状的过程中，总有一些笨拙甚至失真的东西。

图 105

秩序基于"变格的"组成部分强调建筑骨架中的线条力量。像鲁本斯（Rubens）的绘画或巴赫（Bach）的赋格曲，不允许它的任何部分孤立出来分开考虑。因此倡导更为复杂的精神上的艰苦尝试，而不是基本成分的结合。观者必须几乎整体"自上而下"思考设计，就是说从整体到部分地进行，绝不是遵循相反的理论，即沿着部分之间"自下而上"的关系。

平衡的要素

自上而下组织和自下而上组织的差异还暗示出另一种描述不同秩序

的方法。再看看里特韦尔设计的宾馆（图 101）就会说明这一点。它的设计当然给人留下整体组织很好的印象。采用的明确规则适用于所有构成成分。所有形状满足正确的角度，符合基础的三维框架。从整体看，这个宾馆大致是一个长方形的平面图，并且从宽阔的基础分几级向烟囱的垂直峰顶建造。同时这个宾馆看起来好像它的设计不是从支配形状开始的，倒像是带有希腊神庙、中世纪教堂、佛罗伦丁大厦（Florentine Palazzo）的特征。它更容易被看起来是许多立方体和厚板拼接一起而成的，在大小和比例上互相顺应，前后移动直到各种关系看起来正好，并创造出一个令人满意的整体，不受更多变化的影响。

通过把建筑板块拼接一起得到一个设计的程序，似乎在建筑史上没有几个先例，尽管与儿童相似，用于把给定的材料放在一起而成的某种棚体或纪念碑。但是这并不能反对这样的一种程序，实际上它可能是最适合于接近美学和社会组织的现代方式。这两种设计方法的显著差异是，按照传统，立面和平面的总图式一旦确定下来，就支配组成部分的形式。在希腊的神庙中，山墙和额枋、柱和基底有它们预先定好的位置和特征，甚至有自己风格的个体建造者也遵循确切的数量、比例和成分之间的空隙，结构组织，在根本上是"自上而下"进行的，占统治地位的计划决定每一个组成部分的位置和功能。

在探讨里特韦尔设计的宾馆的例证中，通过比较，成分之间的关系是首要的。每个成分源自于它特性的某种荷载能力和要求：它能服务于这些目的而不适合其他的，为了功用需要一定的条件等。在个体的这些特征的基础之上整体安排自己。每个成分的重量和重要性源自于一种能量的显示，每一个个体单位的意愿与它邻居的意愿对抗。只有当所有参与部分的需要互相平衡了，才得到了解决。

它是一个自由企业的系统，其中的组成部分独立行动，通过个体适应性的推拉，导致一种"暂时的妥协"。然而，在我们周围行动中所见的自由企业和良好建筑中的相互作用是根本不同的。在个人主义社会政治和经济中，每个参加者被允许（实际是鼓励）他自己的计划完全基于他自己的兴趣并尽可能地摆脱别人强加给他的东西。结果对我们来说是无秩序的相似——政府中的情况，作为在其他人中的一方，使用他的权力追求他自己的特殊目的。建筑这种无秩序的表现就是构成我们如此多的街道和城市形状的丑陋不相容性。只要没有普通的目的强加给自己时，这种无秩序可以容忍，并且除非在病理条件下，否则它几乎不能在个别的心态下流行。我们在里特韦尔宾馆所例证的那种成功建筑中所看到的是，需求通过平衡个体关系所取得的合情合理的整体。这种安排类似于一群音乐家试图即兴演奏一首音乐：每个演奏者贡献他乐器的特色，根据特色进行，演奏出一些创意曲，响应或被响应，努力把他最大的能力用于这首新出现的音乐上。音乐家一起寻求整体的主旋律，那是一种集体合作精神，不是个体的竞争。

视觉式样的特殊品性源于这种过程，它可以在京都龙安寺（15 世纪的一个禅庙）（图 106）花园里的五堆著名石头的简单例子中得到阐释。从寺庙的木平台眺望，五小堆中的两个、三个或五个似乎以完美的平衡秩序散布在花园的长方形表面上。看这个平面图时就能看出这种客观的配置。实际上，这个秩序没有在任何优势点上展露自己，因此不能逼真地描绘出来；当人们沿着平台前后走动时，它才从无数彼此融入的远景布置的整体中显现出来。这个古老秩序打动观者的是它的完美和扑朔迷离。这五堆的分布不是确定的；它们形成的既不是圆形、五角形也不是梅花形。它们的位置避免任何分层模式，而只是由它们相互关系的微妙重量决定的。仿佛能量不相等的五块磁铁相互吸引和排斥，浮在水上，自由找到各自的位置，在它们的力场里达到完美的均衡。实现互相尊重不受任何统治方式强迫是五个个体友好相处的良好方式。

图 106

在这种平衡分布起作用的力也可以与毛细血管分支、叶脉或静电释放的生物和物理过程相比较。属实，在所有这些例子中，都是从一个中心的扩散提供了一个整体模式，但是这种占统治地位的组织并没有解释部分之间空间的微妙分布—— 一个通过不可预测关系所做的关于秩序成就的极好描述。生物学家保罗·韦斯（Paul Weiss）写道：

概述地说，在部分之间接近恒定性的距离反映出了规律性；从动力学上讲，它反映了构成的分支部分通过相互作用而精心构造而成的增长模式，分支部分相互融合并具有弥漫蜂窝状的发源地。在过于简单的条件中，相关的相互作用是一种竞争。那么这种相互作用不在接触中存在，而是在距离中存在。每一部分可以看作被不同力量领域影响的外壳所包围，彼此之间为了尊敬而保持标准距离。

在自然的这些例子中，控制空间分布的力是物理上的。人类心灵直觉平衡一个感性设计的组成部分时的情形可能也是这样。心灵被推拉力的感知所支配，这种推拉在感知中被察觉并且达到的平衡暗示出变化。这些感性的推拉力是心里加工的感觉效果，心里加工必须假设是发生在相应的大脑区域里——加工力图处理感觉器官的感性输入并重新建立起被闯入者颠覆的平衡。直觉秩序可以被认为是物理场加工的反映，物理场加工发生在神经系统并通过比模拟更直接的一个环节与自然分支系统相关。

"自下而上"组织在相对本身完善的部分之间造成松散的关系。在一些现代建筑中，这已经导致了紧密整体的分解——尤其在雕塑中的发展。传统的雕塑是典型的单体，通过肢体和周围的衣褶所装饰。例如在 20 世纪，在莱姆布鲁克（Lehmbruck）和贾赫梅蒂（Giacometti）的作品中出现了瘦长和成倍增长的组合；在摩尔和戴维·史密斯（David Smith）作品中出现了体积和平面的穿透性；在考尔德（Calder）作品中出现了由运载工具连成的部分的连接体；最终，在安东尼·卡罗（Anthony Caro）最近的作品中出现的是一组成分焊接松散、独立制成集合体的创造。在建筑方面，相似的发展不可避免地受到了需要的限制，因为任何一个庇护物都是一个自足封闭的容器。尽管如此，玻璃幕墙的钢筋框架表现了明显的瘦长支干，是由分离成分组成的框架而不是整体组成的。确实，高耸建筑物的立方体作为单一体积非常强调从总体上构思。但是同时建筑师开始喜欢幕墙和自由存在的长板、悬着的华盖、敞开的廊台、多重隔断的墙体——对占统治地位的体积逐步进行消解。在极端的例子中，例如在某个受日本设计影响的加利福尼亚的房屋中，建筑像是用砖和平板拼起来似的，被召集一起与整体形状一致，伴随大量空气在它们与大窗户产生的额外开口之间循环。这样的秩序依赖于重量、距离以及空间敞开和关闭规律更迭的微妙平衡。

在我们城镇和城市的低级舞厅的景观中，可能使一些建筑师着迷的性质之一是建筑密度的极端松散，缺乏闭合体积和固体。投资不足、一时冲动和眼前利益是这些建筑成型的原因。它们是现代生活流动性的某种象征，因此可能刺激寻求与我们时代融通形式的建筑师的想像力。一方面是他们把所有发现表现特征的暗示聚集起来并把它们转换成新的秩序的版本，另一方面生吞活剥病态的商业主义的庸俗和无秩序，并假装噪声是有生命力的和无秩序的复杂，硬说刺激低级感官的东西可以把它们的能量转到人类心灵本性所能感知的环境中。

秩序的范围

秩序是一种必要的强制。秩序规定参与其中的所有人和事物的位置和功能。秩序系统源自于的原理和目的不简单地复制那些占支配地位的组成部分，我们从社会生活来思考例证。给教师规定的行为规范不可能满足每一个学生，并且即使它们能满足，学生也不会完全放弃他的主动性，工厂里的工人情况也如此。然而对机器的组成部分来说却不是这样的，机器没有包括独立于设计者给定的那些主动东西。甚至它的自由程度、适应的范围、对环境的反应方式都必须是预先安排的，尖端的传感器和计算机所应用的也是一样。任何有机体也是这样：它包含许多高级完善的血液循环和内分泌平衡系统等，但是如果有机体功能正常的话，所有这些特有的秩序必须由中心管理系统整体支配。

在理论上不同的是统治生态或社会的那种秩序。它们的整体功能取决于远离独立中心的主动协同性，如果安排没有改变，持续的斗争可能导致无产出的结果。另一方面，如果它完全被整体控制，结果可能同样没有产出，因为次系统的独裁强迫接受可能阻止它们实现其潜能。这个问题在建筑方面要求在两个领域不断更新解决：设计者和建造者之间的关系及建造者和用户之间的关系。

一个集体企业中，如果每个人都服从于一个发号施令的权威的决定，这可能会产生摩擦，但不涉及组织的理论问题。然而，如果一位主要设计师设计完作品主体而把其余的工作留给其他具有独立创造性的设计师时，就可能会出现严重问题。这可能会导致令人失望的结果——例如，主任设计师只设计了建筑的外观而把内部空间的布置留给了他的助手。如果外部形状主题实际与内部结构没什么关系时，这种安排是可以的；但是如果外部设计对内部有暗示，这样的安排就会很尴尬，反之亦然。并且一种综合设计不能满足这些要求，这导致了结构间的裂痕，这种外部和内部之间的隔绝，我在前面的一个章节里已经提到过了。

对一个不成功的折衷来说也是这样，例如，用户的要求和设计师的理念在一个综合秩序里不能达成一致时就会出现这种情况。这个视觉效果是不理解性，这种模糊性阻止了该设计形成自己和谐的鲜明个性。我想起汽车制造商与市场研究机构协商的一个案例，因为他们的一个新品牌受到一个固执流行的谣言追随，说这种车制造得不结实，而且容易从中间折断。其实并没有这些结构上的缺点存在，原来谣言产生的原因是汽车形状的视觉矛盾造成的。设计师曾被要求将赛车时髦、快速的外观和家庭用车的宽敞、舒适结合起来。最后的折衷没有形成统一的视觉秩序；就像人们调侃所说的那样，这种车是"由委员会设计出来的一个动物"。

也有一些例子，经由他人的补充而成功地丰富了原来建筑物的形式。它们改变了它却没有与它冲突。伯尔尼尼给罗马万神庙正面加上的一对"驴的耳朵"没有经得住时间的考验，因为它们违反了原来的风格。他们打算使这座古老的建筑适应巴洛克风格；在教堂的十字交叉处加了个尖顶可能在结构上提供一个合适的重音符号。建筑中雕刻装饰是与所谈问题永远有关系的例证，一座建筑可能要求或至少能够与雕像、奇形怪状的雕刻以及浮雕相融通；这些附加物也可能提供不可缺少的特征——正像科尔布（Kolbe）在巴塞罗那的楼阁中的雕像做的那样——或提供主要建筑主题的补充修缮。

无论是否愿意接受，支配所有这样尝试的原理都源自于结构的基础特色。结构环境条件的不同部分对变化不是同样敏感，某些特征如此重要以至于不改变整体就不能触及它们。通过延长一个横臂使希腊十字变成拉丁十字，那么中心对称的整体设计变成了双边对称。部分之间的任何一种关系都不能经过这种变化而保持原样。但在教堂中，有可能可以用古典的廊柱替代使中央与走廊分离的拱而不会影响建筑的整体方案。在整体设计中，柱的功能与拱的功能不是根本不同的。一件雕塑品的真正性质与它的尺寸和位置正确可能关系不大。人们可以在大象的背上放置一个方尖碑，然后把它安装到一个比较大的结构上去，但是人们很难改变方尖碑本身的形状，不会使它不可辨认。如果使结构框架没受破坏，数量上大的变化影响也相对较小；对敏感点所做的小的变化也能推翻整个体系。

　　从整体上讲，改变和完善一个建筑设计的风险要比绘画和雕塑的风险要小。许多美术作品在形式、颜色和质感的最小的细节方面趋向如此具有个性，以至于只有艺术家本人才可能改动这个作品，其他任何人都不可能做到完美无缺。建筑操作具有更一般性的词汇，米开朗琪罗给安东尼奥·达·桑迦洛（Antonio da Sangallo）设计的一排窗户之上加上窗户要比给米开朗琪罗的一个圣母怜子像加上一个雕像要安全得多。

功能不同，秩序不同

　　至此我们已经讨论了试图支配一个整体结构秩序的所有容限。但是在为了控制所有建筑特色而做的教堂设计比较严谨的秩序中，与教堂毗邻的设施，如圣器收藏室、隐修院或修道院、公墓等之间有一个明显的区别。剧院和音乐大厅的舞台与观众席比那些带后台的空间，如化妆室、道具储藏室等更直接地成为一体。法院的公共大厅与审判室之间的关系也是这样。把一座建筑或复杂建筑的各种功能结合成一体的整体秩序中，致力于不同功能的组成部分比在一个空间或一组空间服务于单一功能的组成部分需要更多的自治。

　　这里我们得到了这个原理，在一个建筑整体的各种组成部分之中，统一的合适程度与它们之间的功能关系直接相关。最大的统一绝非是一个与形成统一的东西不相关的独立所需之物。不同功能的形式上的束缚显然只会误导建筑的使用者并使之困惑。

　　另外，它可能被天真武断地认为所有功能都在形式上自然而然地区分开了。在讨论内部和外部之间的关系过程中，我们捕捉到问题实际复杂性的一个暗示。像其他整体的各部分一样，一座建筑的各种功能通过或多或少连接和分离的复杂模式彼此相关。对此，建筑师可能通过在设计中采用不同的统一比率和不同程度上的变化做到公正。

　　举一个建筑的极端例子，把一座教堂和银行结合成一个整体设计——一种结合可能有明显的实际优势。如果这两种公共设施被分离，意味着形成独立，一个整体设计将真正被误导。但是如果目的是为了表明培养市民的精神和他的财力而提出来的作为一个综合的社会公共设施，并且意味着需要这样理解，设计师将通过强有力的统一设计使任务获得成功。他还将面对这种任务，就是确信走进这座建筑的顾客去找他的投资顾问不会在忏悔中而告终。

整体设计层次的统一性可以为低级层次的差异指明共同的任务和功能。例如，在某种的文化条件下，让有各种不同生活习惯的人住在相同的公寓里，一般不会遭到反对。公寓的一致性反映着不同家庭的需要之间公认的一致性。尽管他们可能在其他方面不同，但是他们都要求在相同的位置为相似的设施提供相似种类和数量的空间。整体的形式秩序与功能秩序一致了，这种秩序一进各家的家门就中断了，因为事实上独立的生活方式在每个家庭生活区内非常合法。可能在所谓小区里的家庭住宅的单调一致性更该反对，因为在理论上，独立的家庭住宅是为个性而准备的，而在这种小区里却隐藏了起来，甚至不存在。而公寓大楼的一致性象征了一个公共目的，小区的建筑理念暗示了思维的标准化。

在这里我们所提倡的是层次结构，在这种层次结构中，一个总括性的秩序只是达到了部分之间的功能统一性的深度和广度。一个极端是，明显的秩序可能互相毗邻而不求一个统率它们整体的统一性。很可能，除了为最小的相互作用所需的连接环节外可能在它们之间没有任何关系。另一个极端是，在某些居住区里，共同的目的消除了所有差异——例如，军营或中世纪的要塞城镇。这种处理是根据简单的地形概要来布置。城市的建立也是这样，如梦想中的乌托邦，无拘无束想像的城市规划（图107）。在每个例子中，综合秩序的体系是一场完美的比赛，为每个人和每件事规定统一的功能。这种秩序可能是一种简单加法组合，例如铁格架系统，它没有中心并且容易无限扩展；或者它可以中心对称像菲拉雷特（Filarete）或斯卡莫齐（Scamozzi）的乌托邦城镇那样。后者有一个起统率作用的中心，以同心方式逐层布局，其中的每一个圆形层的重要性都由它到中心的距离阐明了。这些非常有秩序的平面图，不像宝石、胸针、水晶和散线虫那样偶然的规则形状，而是总体统一力场的视觉表达，被认为是和谐、和平的理想以及对一个共同主题的热爱。

但是我早已指出，平静的完美如果用来反映生命是乏味的，如果用来展现人类的活动则是强制的。在更为自然的条件下，我们发现每个秩序有一个有限的作用范

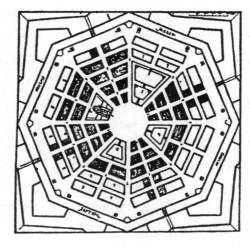

图107
理想城市的平面图（1598）

围。由几个地区组成的国家，这些地区独立地成长，每一个有自己的秩序，直到为更多联系的需要，而创造了公路、铁路网络和飞机跑道。这些联系强加了一个综合秩序，在形式上不再比所需的功能简单，而对每个中心的影响也止于必需而已。我们也注意到分开的秩序互相毗邻而没有联系不一定就产生无秩序，因为无秩序以冲突为先决条件，并且只因共存而没有冲突。例如，完全不同性格的一些种族居住区可以毗邻，像一些不同国家之毗邻一样，与其说是有秩序的联系，还不如说是为了它们之间的交流需要。

心理学家运用的"生活空间"概念，是由库尔特·莱温（Kurt Lewin）提出的。对于我们的目的来说，这个概念必须适用于两个不同方面。从知觉上讲，人的生活空间只能达到他所能够想像的环境限度。对那些参加庭审的人来说，他们当下的生活空间可能被法庭的高墙所限。法官、律师等，好像不知从哪里来的，当陪审团退席去仔细讨论案件时，即使那个陪审团会议室不能被看到，也是法庭上的每一个人生存空间的一部分。

与心理学生存空间不同的是技术上的功能空间。尽管对医院的患者来说，医生和护士，也像盛饭的盘子和实验室里的手推车一样，可能都不知从哪里来的，不在场的设施直接与病房的工作联系起来。建筑师必须通过使这些病房与其他工作区联系起来的一个综合的秩序来促进这些联系。但是同时他必须帮助患者用他自己周围的世界，在那里他可以避开打扰和焦虑的视觉和声音。患者和那些医务人员以及他们共同需要满足的生活空间是不同的，建筑师必须尽力满足他们。

一个人具有和他外部环境一样多的特定生存空间：他的家庭、他的工作地点、与他邻近的街道等。这些空间的每一个都需要它自己的秩序。它们互相之间所涉及的不是协同就是从属关系。一方面，一个人可以走出他自己公寓的世界，走进完全没有联系的邻近公共场所，这两种分离秩序中的这种最小的协同可能恰如其分地反映了在他个体和他的社区之间关系的缺席。另一方面，有些人的住宅可能不断涌入向它敞开、被它进入的风景中，在这种情况下，室内的生活秩序和环境的秩序可能是一个把它们双方总括在内的统率秩序的部分。在这两种极端的例子中，存在各种程度和种类的关系，把事情连在一起或使之分离，在某些方面使它们相关，在另一些方面使它们分离。适宜的秩序可以对它们中的任一方都有效。

我想再强调一遍，在毗邻的秩序之间缺少关系并不一定造成一个无秩序的冲突。冲突以关系为先决条件。无秩序的产生是由于关系被暗示了却没有提供出来。我们发现在城市街道中见到视觉上的无秩序，不是因为在各种部分之间没有发现关系，而是因为街道的连贯相似性所要求的这样一种关系。使一个形同散沙的社会中的元素有秩序的最好方法可能是不涉及辨别不清关系的秩序，在这种秩序中的世界，每个个体单位都各行其事，就像贾科梅蒂（Giacometti）画的行走的人像和龙安寺里的石堆，互相之间只靠吸引力和排斥力才能保持平衡。这种分散性可能不是个人、家庭、全体居民、民族生活在一起的理想方式，但那是一个突出的社会问题。

第七章 动力的象征意义

建筑物是人的眼睛可以看见的，但是眼睛看到的东西并不一定意味着它是为了传达某种可视的信息而有目的地形成其外观及其颜色。岩石、水和云通过其外观让我们知道其所是，而不是故意的；甚至植物和动物发展成的外形和颜色仅次于作为防卫、吸引或威慑对方的这种可视方式。然而，对于人类来说，很少漠视呈现于眼前的形象。

建筑物期盼展示它们如何能够被使用。对大多数意图来说，外观设计在于告诉走近它的人们入口处的位置。人们在大厅里寻找电梯却常会误到锅炉房。当两个楼梯有着相同的功能且通向同一地方时，它们的对称形状很有帮助，即可以互换使用。

综上所述，简而言之，即在一个设计优秀的建筑物里，在视觉上见到的属性和功能特征之间的结构是一致的，相似的用途反映相似的形状；不同的功能反映在不同的形状中。视觉强调的部分将会出现在重要位置上。建筑的图像将会引导而不是误导它的整体排列和细节。这种用途与外观相一致的原则有着纯粹的实用性方面。在这方面，建筑师会作较多考虑，我就不多费笔墨了；它与视觉表达的关系，我将在最后一章多说一些。

视觉标志

城市风景中各种形状的建筑物合起来形成一种视觉语言，它给每种结构提供了一个不同的"词汇"。在某种程度上，人们能够通过对他面前的建筑的观看就能够简单地分别出建筑物的类型。这种外观的不同，部分是源自于实际功能的不同。一个汽车旅馆或一座医院看起来不可能像消防站或公共图书馆，并且也不会这样去做。在建筑语义学上，人们可以通过特殊形式的建筑物去研究其分类范围。那些不应受诘难的、不能忽视的不变性是什么呢？诸如宾馆和银行是如何被认出来的呢？是什么特征误导了使用者？当标准的图形被舍弃后，设计如何重新定义外观呢？这样的一种研究也要考虑到建筑的类型随着时间的变化而变化，例如，四十年前建造的电影院和商业大厦与现在建造的看起来不同，其原因值得探讨。

这些语义方面尤其与本质上作为思想意识承载者的建筑物休戚相关。在一些现代教堂建筑中，人们可以看到几乎不顾一切地试图摆脱表现新哥特或新罗马式风格忠实于传统的东西，显示出使宗教也跟上时代的步伐。在宗教建筑里，变幻莫测几乎提供了无限自由，急切地以外观夸张的形状和颜色不惜一切代价地去吸引渺小的人们。教堂不可避免地从它们的主要竞争对象——娱乐和餐饮业以及它们不合标准的形象中得到启发。这些意愿把终极目标奉献给了高度含混的方式，可能只是因为宗教的本性及其任务现在是如此公开化，以至于对它们的外观表现不再由信赖的标准所控制而提出疑问。这些趋势更加辉映了那些教堂建筑，它们成功地把神圣的信仰转变为20世纪的习语。

然而，建筑语义学的另一个主题我在这里不想多说，我只想说一下，我们文明的主要个人主义已经导致了"合适的名称"，即强调特殊建筑物的独特和它们与周围建筑物的区分。在综合文化里面，个体差异是在普遍风格框架内体现出来的，因此，丰富胜于破坏作为整体的共同体的形象。在我们的例子中，个体主义者经常表现为商业竞争的形式，这反过来就使得原本意味着它与邻居的分歧的本意被扭曲了。一些商业公司不惜任何代价使它们的建筑独树一帜。这样，旧金山的天际线被奇特而难看的金字塔所刺穿。同样，一些建筑师通过使他的作品与他的竞争者显著不同而引人注意。

象征意义

当我们探究象征意义的本性时，我们在这里更近于在原则上关心一个在本世纪被广泛误用的概念。固然，只要一个术语没有被标准化，任何人都可以随心所欲地使用它。但确实我们非常需要"符号"这个词来指明视觉所表达的基本用途，这种用途在讨论视觉交流时被忽略了，因此，"符号"这个词的意义被中庸地指为只是标志，即习俗的指示物或形象物上。这样，作为象征性的字母、词语和数字常被用来作为标志，尽管它们只是习俗记号。标志表明汽油品牌名称、汽车旅馆名称以及医院的名称都不是符号，而只是记号，它们通过建筑增加传达的意义，而把它们与建筑表现等同起来只会播种混乱。

当建筑设计使用承载习俗意义的形状时，建筑象征意义开始起作用。特别是中世纪思想倾向于在每一种形状中寻找这样一个信息。在讨论哥特教堂时，L·佩夫斯纳阐明了这一观点。例如，"对吉列姆斯·杜兰杜斯（Guilielmus Durandus）来说，十字形教堂代表十字架，塔尖上的风向标代表唤醒沉睡于罪夜信徒的牧师。他说，砂浆是由石灰（爱）、砂子（爱主动承担的俗世艰辛）以及水（把天地的爱和我们俗世的爱统一起来）组成的。"同样奥托·冯·西姆森（Otto von Simson）提出阿博特·叙热（Abbot Suger）为圣德尼教堂（St. Denis）的回廊和唱诗区选择了十二根立柱可能是因为建筑的圣经隐喻在精神上是基于耶稣十二使徒和先知，基督救世主成了把一面墙与另一面墙连起来的拱心石。在我们的时代，位于华盛顿的林肯纪念堂的三十六根立柱就意味着总统逝世时组成这个国家的州数。

阿尔弗雷德·洛伦泽（Alfred Lorenzer）解释说："有意或潜意识地运用象征意义总是肤浅的，勒杜（Ledoux）和沃杜瓦耶（Vaudoyer）在18世纪为锯木厂主设计的锯条形房子或者以地球形状的国际都市的房子，象征意义相应地保持在相对浅显的层次上。"因此，成功的建筑师很少把象征意义限定在任意的习俗上，而是寻求与更为基本、自然表现的特征相关联。部雷（Etienne-Louis Boullée）建议将法院的外墙建成宪法的碑形，他并没有超出表面的标志；当他建议将监狱的入口设在监狱的地下时，他只是依靠直接的视觉象征意义之上，似是而非的意识："把威严的大厦表现在罪恶的黑洞之上，这对于我来说，不仅能强调出建筑的高尚品格，而且通过产生的对比，隐喻地提供了正义重压之下的罪恶被粉碎的令人难忘的画面。"同样，在圣德尼教堂的例子中，拱心石的象征不是随意挑选出来的，放在最高位置上并且和拱顶组合在一起，它提供了表达思想的物质等价物。

所有天才的隐喻都源自于物质世界中有表现力的形状和行为。我们所说的"奢侈"的希望和"深邃"的思想，只有通过对这种感知世界的基本性质进行类推，我们才能理解和描述非物质属性。一件建筑作品，作为整体及其部分，充当一种符号的阐释，它通过我们的感官传达人类相关品质和境遇。

传统的符号更是严格把自己附加于合适的物质形象上，在哲学及教义上不断变化越发令人信服。早晨的阳光透过唱诗区的窗户，带着强烈而直接的启蒙和幸福的感觉照在不断变换的承载物上。它不是传达一种特殊的信息，即新柏拉图主义者的形而上学，而是传达了一种更为广泛、更具活力的体验，这种体验里面的教义只是实用性。感官的象征意义在特殊中揭示出一般，并且因此把后者提高到实用性的更高层次上。只有通过对历史的研究，建造商们的特殊要求才能被重新获得，这些突出的表现性质才能在建筑物中存活并且继续去创造一个更有力的经验。教堂的圆顶不再明确表示天堂的宗教形象；而是作为一个拱形和环绕的中空，它永远与自然天空保持一种亲和力，并且分享它在理论上表现的内涵。

　　刚提到的传统符号最好被描述为特例，我将之称为开放的符号。在物体的可视特征和行为以及相应的精神和行为之间的自然感知的类比依赖于非常一般的属性。比如高度或深度、开放或封闭、外向或内向。在传统的符号中，象征的一般性质用于特殊的被象征的事物上，因此符号从它所表达的许多其他意义中被正式保留下来。如果没有这样的局限，象征的高度抽象性就会对无数潜在的应用保持开放。例如，当一座基督教教堂被给定十字形形状，所有其他十字架的内涵都被最大限度地限定在非正式寓意上。但是十字架形式同样能够象征相反事物的连接，如离心力和向心力的行为、生命力或火种的传播、十字路口、纵向向水平方向抗争等。在谈论象征意义时，最重要是认识到传统的符号具有它们相对的限定意义，不是原型而只是有限的应用。作为艺术家的建筑师首先关注知觉表达的广泛隐喻特性。

　　在日常应用中，如果那些体验与其寓意不相配时，那么象征就不能建立在感觉的表达特性之上。早晨阳光射进窗户而出现阴影，就不能被理解为只是亮度的变化，因为只有它被理解为生活中的一个把世界展现给我们而把我们展现给世界的礼物时，这种阐发才对我们是个广泛有效的象征意义。最有力的象征源自于最基本的知觉之中，因为它们被认为是起源于所有其他人依赖的基本人类体验。如果一位给植物浇水的人在这种运动中没有感觉到是在给饥渴提供饮料的内涵，他将有令人恐怖的单调精神生活。这种投入的努力、感觉的温情、给予的帮助、清凉闪光的液体流动、接受者的悄然接受——所有这些感觉性质都赋予了这种简单的日常生活一种自然高贵的光环。这种实际生活的象征内涵曾经被小说家让·季奥诺（Jean Giono）在他的一篇小说《吾民仰望的喜悦》（*Que ma joie demeure*）美丽地描述过：

人们有这种印象，基本上人们不是很清楚他们在做什么。他们用石头建造，但是他们不明白每一个将石头放在石灰浆里的动作是伴随把石头的影子放在石灰浆的影子中的动作，而影子的建造是有价值的东西。

建筑的艺术象征意义是最为重要的，如果它不是植根于最强、最普遍的人类经验之中，就不能如此有效、不能给我们如此深刻的感受并且在文化习俗中胜过变化。达戈贝特·弗赖（Dagobert Frey）说向印度西卡拉（Sikhara）塔尖攀登与瑜珈修行者朝向天堂里彻底赎罪的"净化"的情形相符。建筑形状这种符号特性之所以引人注目只因为卑下的爬楼梯的日常经验反射了克服重力并且成功向高度上升的这种内涵。

确实，在我们自己的文化中，实际经验的自然象征意义已经被淡化，不仅因为哲学和宗教思想的传统基础已经几乎消失，而且因为物质运动以及与自然的联系已经被淡化的观念所广泛地取代，特别是在商业买卖中。自然象征意义的最强大的资源就这样悲哀地被耗尽了，诸如建筑这样的艺术品现在必须在某种程度上通过人为地恢复我们薄弱的体验。

文明最重要的认识价值可能存在于实际物质运动中以及所谓的抽象思想之间的相互关系作用中。一方面，当走路、吃饭、洗澡、睡觉、探索以及制造东西的意义被简化为从这些运动中获得物质和物理上的收益时；另一方面，当我们理解事物的性质并且指导我们行为的理论简化为知性定义的概念，它不再从感性资源中获益时，文明的精神生活就破裂为碎片。对建筑来说，这意味着在这种程度上，他成功地把内在的根深蒂固的精神观念强行地加诸于家庭生活的简单方面，他就是在弥合我们文明中这种分离。他通过在他创造的形状中培养这种表现性而能够这样做。

内在表现

自然象征意义源自于感知物体的内在表现。物体要被视为表现，它的形状必须被视为具有动力。在一套楼梯中，只要它被看作只是几何结构，那就没有表现，因此就没有象征。只有当人们看到从地面逐级上升的阶梯作为动力渐增的，这种结构才能展示一种表现的性质，它承载了一种不言而喻的象征意义。一旦这一点被理解了，也就很明显为什么象征意义在包括建筑在内的所有形状中了，甚至当它们没有配上传统的符号，诸如梅第奇的盾纹（Medicis）面或一只金属老鹰在大使馆的屋顶上展开双翅。

另外，作为建筑形状一个成分的可辨认主旋律的使用可能妨碍建筑的自然象征意义，因为它的动力必须对主旋律的形状让步。人们可能争论说密斯·凡·德·罗完全无"象征意义"表现性的建筑比埃罗·沙里宁为环球航空公司（TWA）设计的候机厅给人更加清晰的印象，如果它看起来不太像一只鸟，可能翱翔更加纯粹。或者建在康涅狄格州斯坦福德市的、由哈里森（Harrison）和阿布拉莫维茨（Abramovitz）设计的长老会教堂（Presbyterian Church），如果不是竭力用一个鱼形的符号，可能更能表达宗教的态度（图108）。当然，内涵确实比自然表现能够更强烈地确定建筑的意义。粗糙的相似形状的圆柱塔楼可能给我们非常不同的印象，这取决于我们是观看圣阿波利纳莱大教堂（Sant Apollinare）的钟楼还是观看中西部农场的粮仓。但是这些基于理性信息基础之上的是间接影响，因此建筑比感知形式的直接信息少些强迫性。

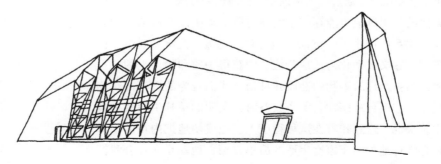

图 108

在这一点上，我至少必须简要地指出知觉表现的心理基础——我在另一著作中有详尽的探讨。在打算说明的几个表现理论中，我在此只关注最有影响的一个，即移情说。这个术语是从德语"*Einfühlung*"转译过来的，与特奥多尔·利普斯联系在一起的，他系统地论及了这个概念。对于我们现在的目的来说，引用海因里希·沃尔夫林（Heinrich Wölfflin）在1886年为慕尼黑大学的博士毕业论文所做的《建筑心理学引论》（*Prolegomena to a Psychology of Architecture*）中所提出的这种理论的版本比较合适。尽管沃尔夫林的移情与利普斯相近，但是利普斯不在沃尔夫林引用之列，并且在此我不想调查在多大程度上这两个人知道彼此的作品或吸收共同的资源。

沃尔夫林把他关于知觉表现的理论建立在主张"我们自己身体的有机体是决定我们整个身体的综合形式"。他主张表明建筑的基本元素，即物质和形式、引力重力和力都取决于我们自己所具有的体验。像利普斯一样，他使用了立柱的例子："我们挑重担时知道压力和反压力。当我们不再有力量支撑压在我们身上的重物时，我们就会摔倒在地上。这就是我们能够欣赏立柱的乐趣及理解所有物质在地面无形展开的趋势的原因。"他说，所有倾斜的线条都是被看作是向上升的，而所有不对称的三角形都给我们破坏平衡的印象。他强调肌肉反应，尤其呼吸作用："强有力的立柱产生能量给我们动感，而空间比例的宽窄控制我们的呼吸。我们促使肌肉运动仿佛我们是那些荷载的立柱，而我们充分的深呼吸就仿佛我们的胸膛有那些大厅的宽度。"

沃尔夫林和利普斯明显意识到建筑形状的内在表现特性，与他们当时时代的心理学理论相一致，他们把它们解释为观者自己肌肉感觉的投射。正像我在其他地方表明的那样，视觉表现的主要作用更令人信服地源自于视觉形状本身的形式属性，并被其控制，肌肉反应最好被理解为主要视觉动力的次要反作用。

然而，这可能会误导这些从控制建筑的静止力的物理力获得的感性知觉。那些力可能从所见所闻的东西理性地介入，但很明显观者没有直接受到建筑材料中的张力和压力的影响，他所接受的是表面形状的视觉意象。这些形状获得它们动力特征，因为这个意象是由观者的神经系统加工的。我已经阐述过，把感觉的原材料组织成我们觉察到的形状的心理上的力，与我们定义为视觉意象的动力构成是同一种力。没有必要求助于另一种感觉形式，比如肌肉运动知觉的意识来解释这种主要的影响。

知觉体验的动力性质也说明了少数通过眼睛间接获得的理性信息和在我们所见的物体中直接体验的反射力之间的差异。一位在建筑材料上汇集数量及种类信息的工程师可能推论出在其中运转的物理力。但是通过审视建筑作品，让观者在自身内感觉负荷和抵抗、推拉等的感知力。这个从观察可视性物体立即回应的力是伴随全部知觉得来的，但它特别取决于建立在表现基础之上的审美经验。

知觉体验的动力是视觉意象的最基本组成部分，然而，当我们日常使用肉眼去获取信息时，它在很大程度上受制于一些人潜意识里较难发现的现象。他们可能从莫霍伊-纳吉（Moholy-Nagy）关于建筑物的稀奇古怪的书中找到帮助，甚至再一次依赖肌肉运动知觉：

一旦两个实体存在任何联系，就存在张力的可能，是生物上的、心理上的、空间上的等。当人们把左手的手指尖和右手的手指尖并在一起，然后再慢慢把它们分开，越来越远，直到手臂伸展时，它们指向外侧，人们可能得到能够被主观和客观控制的关系的大致程度。

自然界中的人工制品

建筑表现的基本事实是建筑作为放置在自然环境中的人造物体。也有其他这样的物体，但建筑物以特有形式来补充自然资源和设施，而与此同时坚持特殊的人类功能，在本质上与那些填充自然的物体截然不同。一片耕地、斜靠在一棵果树的梯子、河流上的一座木板桥，它们形式性质的许多方面明显是人类的特性，比如它们规则的形状。但它们典型地被经验为自然的增加，为人类自己的目的而被人类增加。甚至可能包括这种范畴，农用机具、河流上的船舶以及农舍和畜棚这种实际上不起眼的建筑。

这就是建筑师阿道夫·路斯（Adolf Loos）的观点，他说农舍和乡村教堂看上去仿佛不是由人建造的而是上帝建造的。他也承认未被宠坏的公司的工程师创造了船舶和铁路，但却抱怨建筑。在狭隘的意义上，认为建筑亵渎了风景，甚至建筑是由"好的"建筑师设计的也是这样。很明显，路斯认为建筑应该只是自然的延伸，即作为视觉特征的物体似乎完全由它们履行的物质功能来获得，就像一棵树或一个动物的身体形式那样。他提出反对，说无论哪一种建筑都明显超出了限制，并且显示了人类制造符号阐释的特权。

这样的一种符号阐释可以假定两种基本态度中的接近自然的那种，尽管不企图完全地模仿自然或假装他的建筑是自然的产品，但是建筑师可以把人类想像为是自然的派生物。从这个观点来看，尽管人类在起源时不知遮羞，但建筑创造物应该遵照自然，按照自然的方式成型。建筑物应该从地表生长出来，正像赖特说的那样——"在树的形象中"，并且趋向生物形态的形状胜于几何形状。这样的"有机"建筑可能偏爱由直线或平面偏离出来的曲线，并且融入在风景的连续流动中，避开清晰定义的因素和人类理性特征。当然，自然可以被想像为不同方式，自然的生物生长身份是一种浪漫的阐释，由我在这里所提到的建筑类型传达出来。

另外，人类可以使用建筑形式宣告自己是生产理性形状的理性动物。同样他反感自然的外观并且不屈服它，他甚至着手使自然本身遵照他的理性理想。17 世纪的法国花园就是这么做的，它们是对称的布局、几何形的树木和花床、一直延续到相同形状的宫廷建筑。与寓于人工石头的数学概念相比较，未加工的自然于是就变成了劣等的荒野。

当人们在自己的花园里把自己的秩序强加给无理性自然时，他也可以强调自然无秩序表面的潜在秩序。正像柏拉图《第迈欧篇》所主张的那样，如果所有自然物体最终是由五个规则立体固体组成的，或者如果各式各样的自然外观是源自于简单法则的复杂运用，那么通过只有人类才能构思和建造的纯净几何形状的外观才能唤醒这种内在的法则。于是山上的一座塔在其周围创造了一个特征，自然可能把自己组织为一个综合秩序。这种观念被华莱士·斯蒂文斯（Wallace Stevens）在《瓶子轶事》（*Anecdote of the Jar*）中诗一般地描述了：

> 我搁置一瓶于田纳西，
> 圆形的瓶子放在了山腰。
> 它使懒散的荒野，
> 围绕了整座山坳。
>
> 荒野起来面对着它，
> 并且伸着懒腰，不再荒凉。
> 高高的圆瓶子矗立在地上，
> 成了空中的一个站港。
>
> 它处处拥有主权，
> 灰色的瓶子无遮蔽。
> 它不会长出鸟儿或丛林，
> 不像田纳西的任何东西。

无论建筑的风格怎样，建筑物与它们的人类环境总有不寻常的含混关系。与雕塑比较可以得出这个结论，最初，雕塑是用来创造肖像，尤其是神像，在其他的住所没有那么多作为力量本身化身的超人力量的肖像。木像和石像被赋予了神或魔鬼所代表的力量，被相应地固定下来，展现了力量在形体上的呈现。这样一座雕像取代了人类环境中的真正居住者。镰仓（Kamakura）大佛被定址在它所在的公园，你去看他，他也欢迎你，尽管他是以一种奇怪的、迟钝的并且冷漠的方式。

我在其他地方把这种雕像或图画的早期概念称为"自我形象"，因为"它在视觉上表现了它自己的属性，"与"相像"相区分，那是一些个体的人、一类人、动物等的形象或再现。在这种新的角色中，慢慢地假设雕塑在人类环境中的位置和功能是一种超然认识的物体。它的位置变得很随意，因为"雕像"可以被保存在任何地方，就像其他信息可以被保存在任何地方一样。雕像已经变成了某种其他地方、任何地方或所有地方的象征物。它并没有完全失去"自我形象"的力量，因此它的本体地位非常模糊。作为它自己力量的化身，它有自己确定的位置和动能，就像一面镜子或一个脸盆一样；由于"雕像"或再现，它居住在这个世上，它归诸于这个世界，但没有对世界中的固定地址要求的权利。这个世界没有它也是完善的，它就是关于世界一个观念的陈述而不是世界的一部分。

建筑是一种雕像，也是一种"自我形象"。原始的小棚、简陋的窝棚或小木屋，在本质上都是形状适合功能的一种器具。通过它的外观，它简单地限定了自己以及自己的类别。但是尽管那样，象征的寓意还是被表现了。保护性的棚体的一般概念体现在服务于一个特定的人或有生命的群体的特定棚体中，人们在这个世上的位置反映在居住者如何在四面围墙之间移动，使自己适应这个框架，接受它并遵照它行事。以这种方式，甚至最简单的住所，无论故意与否，都充当了"肖像"，这超出了现在讨论的范围。

当然，深层次的文化发展超过了基本的需要，更为简化的建筑服务于象征意义的需要，使建筑物成为广阔视觉阐述的承载者。一座成功的教堂或庙宇、一座宫殿、一栋具有丰富想像力的私人住宅都是精神渴望的阐述、世界力量的定义、人类在自己环境中存在的观念。当我们走进一座小镇或城市时，我们看见生活方式反映在每一座建筑中，一些清晰而有力量、一些令人困惑而无趣、一些矫饰或粗陋、守旧或大胆、赤裸或充溢。

当然，在视觉艺术作品中能够发现类似的特色阐释。然而，在建筑物所提供的肖像与绘画和雕塑所包含的相像之间有显著的差异。正像现在我们对它们所知所做的那样，美术作品已经变得完全独立于它们的背景，以至于我们期待它们中的每一个都以自己的方式展现人类作为一个整体存在的有效形象，尽管用一个特殊的透视去观察它。让·阿尔普（Jean Arp）的抽象雕塑，其中隆起、弯曲形状、含混地唤起人类的身体或植物、在和谐和复杂行为中移动都确定无疑地被限定在我们世界的呈现中，而且足够丰富被作为世界景观而接受。确实，立体主义的绘画，在整体中——"这个"整体！——作为组成松散相互作用的单元被展示出来。

建筑作品不需追求这种综合的象征意义，因为作为住所，它通过其特殊功能被局限在其表现上。在很大程度上，建筑被想像为人类运动喧闹中的一种稳定的拒绝。因此，它的意义必须在环境的背景中被看出，而不是在自足的陈述中被看出。作为棚体，它的表达可以被限定在作为一个棚体或容器的方式上、为特殊人类活动聚集的场所。

非常适宜，例如，建筑经常是对称的，而对称很少在美术作品中出现。对于大多数绘画和大量雕塑的目的来说，对称的稳定、简单秩序将会意味着太局限人类经验的视野。然而，值得注意的是，神和统治者的纪念碑形象经常表现为对称。它们通过它们的外观与建筑相似，显示它们是不容易改变的、相互作用或妨碍的。在教堂正面一扇中心对称的圆花窗，像静止的浓缩符号一样美丽。如果用绘画来表现，它将是令人不愉快的"装饰"，它将会比为这个混乱世界的和解提供更多的和谐。

尽管建筑作为形式设计在本质上是完善的，但它只是物质实用的器具，因此只有支持人类的存在才能展示它的全部意义。安德烈·马尔罗（André Malraux）在他的《反回忆录》（Antimémoires）中回忆了一位印度王子的故事，他花费了数年为他过去所钟爱的妻子建造了世界上最美丽的坟墓。在工程完工之后，她的棺材被放了进去，但是它破坏了墓室的和谐。"把它拿走"，王子说。这座建筑物已经变得如此自足的一个纪念碑，以至于它不能再作为物质设备，它不再容忍任何附加。

那是雕塑吗？

建筑和雕塑最基本的区别很清楚地在两者产生歧义的例子中展现了出来。一座喷泉作为有用的物体是使喷水美观，同样它的表现应该被限定在蓄水和喷水的功能上。但是，当喷泉变成了一件雕塑，无论是形象的还是抽象的，它就不再被看作是为居民提供喷水的建筑了。相反，它用水是为它自己的目的。水变成喷泉的一个组成部分，它表现的一个完整部分。如果它们的水被关闭，那佛纳广场（Piazza Navona）将会变得不完整。但是水的功能不同，当巴洛克喷泉被认为是一件雕塑品的时候，从水神乳房喷涌出来的水是妇女给予生命的延续，在这件雕塑中就表现了出来。从作为一件实用器具的视角看，这座妇女铜像就变成了用于喷水的喷泉。

如果赖特的流水别墅（Kaufmann House）被认为是为居民和流水提供停泊的结构，"流水"可能就会被误解。水不是被建筑利用，而是作为一个组成部分被房子所吸引，把它的混凝土板的离心力延伸至水的实际运动中。于是，流水别墅是流动的建筑，而不是人类居住与喷泉房屋的结合体。

相反，勒·柯布西耶设计的马赛公寓大楼的排气塔可以被认为是一件精美的雕塑，支配了其他雕塑物体——立方体、阶梯和圆柱的构造（图109）。同时，这种建筑形式并没有超过它作为废气流通通道的功能。这座塔的整体形状可以说是源自于那个功能、致力于那个功能。但是注意物体变化的形式取决于它是被看作一件雕塑还是烟囱。作为雕塑，它在本质上是完善的，通过顶部的盖顶和敞口结合一起用于作为一种檐口，在塔的中部某个地方有重心。作为烟囱，其形式变成了空的，现在它的轮廓渐渐增强，持续超出圆形边缘进入天空，作为不断变宽的空气排放体，从混凝土的喷口得到了它的感知意义。罗伯特·索尔斯（Robert Sowers）的示意图（图110）诙谐地阐明了雕塑被认为是建筑以及建筑被认为是雕塑时所发生的事情。

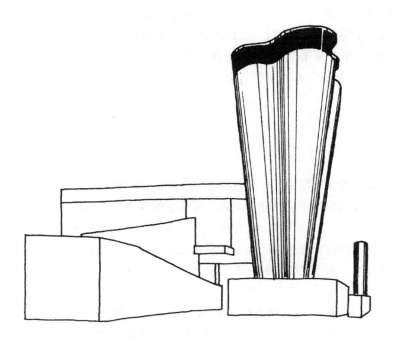

图 109

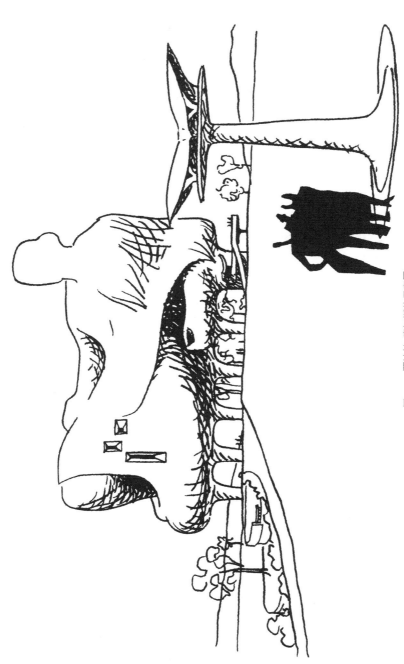

图 110 罗伯特·索尔斯的示意图

建筑作为功利主义的物体服务于它们的居民。但反过来也是事实：人们有时丰富并完善建筑结构，就像水用于喷泉一样，通过与它一致便成了它的一部分。聚集在广场或按顺序相继涌向或离开公共建筑入口的人们，看起来像建筑的附属或独立的部分。这种反向强调的产生是由于建筑比它所服务的人们大得多，因此产生如此显著、引人注意的陈述。当歌德看见意大利的平民集聚在维罗纳（Verona）的古罗马的圆形剧场观看歌剧时，建筑的统治力量给他留下了深刻印象。

动力比例

动力表现不是美术和应用艺术（如建筑）形式的专有属性，它是一切感知的基本属性。这使它更加令人惊奇的是它不太引人注意。因为利普斯开创性的工作，心理学家和哲学家已经忽略了这个主旋律。然而，不用说，批评家和艺术史学家经常描述了这种现象的特殊表现形式。我从詹姆斯·阿科曼（James Ackerman）对米开朗琪罗设计的劳伦斯图书馆（Laurentian Library）的门廊描述节选一段：

> 墙体设计的连续性增强了楼梯的惊人效果，它像外来的入侵者一样，连续不断地涌向门廊……如果在楼梯和墙体之间没有形式上的和谐，最终会有戏剧性变化，因为两者是通过它们对观者的安逸进行侵犯而组合起来的；墙体的平面从柱向前突出出来，似乎发挥作用于被限定空间的向内压力以回应楼梯向外的压力。

这些关于流动、闯入、压力和扩张如此直接适当，以至于我们几乎没有认为它们是比喻。它们简洁地适于知觉对象的描述，尽管它们适用的物体是由无生命的石头制成的。

他在整本书中所给定的例子阐明了建筑动力的各种原理。这就减轻了这一章的负担。在这里我可以把自己限定在补充几个方面上。

可能这些方面中最重要的是关注视觉形状之间的尺寸关系。艺术家和建筑师判断如此敏感的比例，如果它们只是测量的数量而不是力的承载者，就不会给我们提供任何标准。例如，为了某种目的，为什么两种长度之间的最佳比率的黄金分割如此广泛地被考虑（图111）？我

图111

们把它描述为长方形的致密性
和延长线之间的最好平衡，但
是为什么这种特殊的比率比其
他的好？显然是因为接近正方
形中心对称的比率并不给任何
方向以优势，因此看起来是稳
定的；反之，两种尺寸中太大
的差异破坏了平衡：较长的尺
寸被较短的尺寸提供的平衡力
剥夺了。接近黄金分割的比率
就使形状保持在原地而给它一
个生动固有的张力。我们用描
述决定性因素的那些恰当的词
汇表明我们正在处理动力关系。
平衡是力的抵消；它不只应用
于数量。

　　同样的考虑适用于知觉重
量。大约在 1850 年左右，美国
雕塑家霍拉蒂奥·格里诺
（Horatio Greenough）发起了英

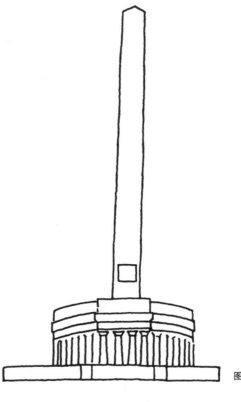

图 112

勇的抗议罗伯特·米尔斯（Robert Mills）早期设计的华盛顿纪念碑活
动，那是一个高高方尖石塔从外部呈现多利安式柱廊的低圆建筑中高耸
起来（图 112）：

　　　　在我们面前的显著特征是一个埃及纪念碑的杂种——正如我所
　　相信的那样，像波士顿批评家争论的那样，无论是天文的还是生殖
　　器崇拜都无关紧要——具有古希腊结构或古希腊元素中的一个。我
　　认为它不是艺术的力量去影响这样一种融合而不打断和破坏这种特
　　殊的美丽和两种元素的特征。一个是简单的平滑以至于单调，可能
　　被定义为统一的巨大表现；另一个是组成部分的结合，是为普通物
　　体组装的。它们的形式非常完美作为如此不同特征的指数使它们抗
　　议并置。

格里诺反对的不仅是风格的混合，而且是"复杂的、分离的、相比

而言轻型的希腊结构"与之上的埃及笨重的石质结构之间的差异。他正确地抵制了这种争论,就是纤细的立柱耸立在巨大的基础之上,因此这两种建筑元素的结合不提供危险。"立柱隐藏了强大的结构,因此它们不适于作为建筑特征。它对建筑物是有责任的,首先要坚固;其次要'看起来坚固'。"建筑的物理静力和观者对它的知识几乎对知觉对象重量之间的关系所创造的视觉动力没有什么影响。

我记得走进从罗马式风格过渡到哥特风格建造的神思教堂(Cathedral of Sens)的时候,被正殿沉重的立柱和朝向拱顶伸出的纤细肋拱之间的差异所打动(图113a)。而且,在纯粹量的条件下,纤细的细长柱位于厚重的支撑之上没有任何错误。所危害的是知觉的原因和知觉结果之间的不合适关系。我们从心理学家阿尔伯特·米乔特(Albert Mi-

a　　　　　　　　　b　　　　　　　　图113

chotte）的探索中知道，因果关系是直接与形状之间的关系与生俱来的一种现象。他表明当一种几何形状，如一个黑色的立方体横过屏幕撞击另一个形状，于是它开始移动，观者体验了一个从最初的作用者跳跃过第二个物体的知觉对象力，并因此使它具有了生命。我们的建筑例子表明，一个相似的因果关系把生命给予毗邻的稳定形状。在神思教堂的例子中，那些支柱，由于它们的视觉重力，用作片面地向上移动动力的基础。从基础伸出来的纤细墩柱不能抵消由于荷载而向下的压力，并且两者之间的不均衡产生了山中生老鼠的效果。

奥托·冯·西姆森提到这种对比时说："沙特尔（Chartres）大教堂的主人如此缺乏均衡性铸就了审美的瑕疵"，他通过构造他的"四根纤细的细长柱围绕一个强有力的中心"的墩柱给予克服（图113b）。这种发明"消除了立柱的沉重庞大的形状和其上的昂扬的柱身之间的对照"。一个相似的发展发生在我们世纪，从一种风格到另一种风格的过渡中，对于承载沉重的视觉荷载产生支撑物太纤细的问题。早期使用的底层架空柱，例如，勒·柯布西耶在1927年设计的斯图加特魏森霍夫大厦（Weissenhof Houses），造成了比例失调，不只是因为观者没有意识到钢筋混凝土的强度而低估底层架空柱的物理持久力，而是因为建筑完全闭合立方体的视觉重量压碎了纤细的支柱（图114）。后来的建筑师，如密斯·凡·德·罗，把建筑固体暴露为钢筋骨架，它的视觉重力被充分减小到消除荷载和支撑之间的矛盾。

图114

同样，悬臂自然伸展的效果不是观者认为建筑可以保持在上面的顶盖和阳台的一件大事了，而是由建筑的视觉重力和水平伸出的向外推力之间的比率获得的。

在这种联系中，这种特殊的支撑表现效果剥夺了它们应该被注意的荷载。在古典建筑的废墟中，孤立的立柱如果没有柱上楣构看起来就会很笨拙。它们直接向上的力量未加抑制地伸向虚空，而它们的形状不允许它们在自身限度内找到平衡。同样，所有拱廊在自始至终到达屋顶过程中什么也没有承载。利普斯给几何形状的丑下的定义是：当一个机械运动的自由完成被阻止或未能实现从它外观中自然生长出来的任务。

建筑的敞口

只有当它在动力上被认为是建筑物的开放和闭合时候，另一因素才真正成为建筑的因素。在纯粹量的条件中，人们可以计算外侧的一面墙的敞口有多大，闭合有多少。除这种数据的技术实用之外，如保暖、照明的目的等，关于闭合和开放之间的比率统计也可以用于作为风格的指示物。然而，为了描述因而发生的表现，人们将不得不通过记住墙体或阻碍我们朝向空间前进的东西而开始。敞口使环境容易接近建筑内的居民并且给它们展现从外面来的闯入者。在早期社会，驱邪符被经常挂在门口或窗户上，以保护人的方式保护房屋。"因为所有在有边界物的敞口中，无论什么都浸透神圣的品德——无论是它们露出人类的身体还是人类创造空间的转换——都被认为是至关重要的并且易受攻击的，它们也是保护式样的焦点"（普鲁森和特拉维斯，Prussin and Travis，关于西非环境艺术的著作）。由于外部与内部的分离，墙体造成了两个世界的生硬并置。我已经说过当墙体从属于外部转换为从属于内部时所忍受的知觉特征的基本改变。我们的想像力必须努力认识到教堂内部的西墙从背后看是它的正面。介于两个世界间的敞口被建筑障碍物所分离。

当人们接近一个人类居住地时，敞口更加被障碍物所困扰。建筑物变得更常见，而且它们也变得更加大。开放的空间失去了它的存在，只变成了一条条砖石砌筑的走廊。任何特殊建筑的开放和闭合都被定义为入口和障碍之间的这种大环境相互作用的部分。避免敞口挤压的建筑物，当它位于相对宽阔空间比当它与狭窄的街道相邻时将会看起来更加不允许。反之，赖特公寓伸出的敞口，如果不是有沉重的石头墙挨着它，将会非常不合适宜。

开放的知觉特征强烈地受到前面提到的两种建筑类型之间的差异影

响。建筑不是被认为是一个闭合的容器，敞口是由于需要，就是一套装置——箱体、板和柱加在一起直到空间被充分闭合。每一种建筑设计都在这两种极端之间徘徊。因此，关于墙体的敞口有知觉上的多种解释。在传统砖石墙中的窗户和门中断了固体表面显示了自己的积极形状。被大面积墙体所围绕的空间是"底"，敞口突出来作为"图"，尽管在物理上它仅是一个洞而已。当门窗借助于旁柱、横柱或者壁柱、檐口、山形墙等给出自己的建筑构架时，这种突出物就被理解了。在这样的建筑中，整体的体积和它的敞口两者都有积极的作用。它们之间有对抗，需要小心平衡，以免固体的沉重立方体窒息敞口，反之，延展的敞口破坏整体的统一性。

法国建筑师布雷，他喜欢不被中断的墙，戒备敞口对建筑物外表面的威胁。他说，为很多人建造蜂窝是必要的，并且他抱怨在许多窗户之间留下的细长物。这样的建筑看起来像一盏提灯。这是设计容器建筑师的观点。

在弗兰克·劳埃德·赖特的典型住宅中，通过对照，我们看见水平板和垂直板的轻快排列，在它们之间留出许多空间。它是在本质上否定空间，像外部空间一样中立和无特征。实际上，建筑的敞口是外部空间延续到达建筑、在悬挂的屋顶和阳台下面以及在垂直之间。

文艺复兴时期宫殿的窗和门，一方面像建筑本身一样，向外张望空间，它们被比喻为眼睛。另一方面，赖特建筑的敞口并不是与周围空间相反，而是它的伸展。像赖特说的那样，"在说起门窗的时候不再有任何感觉"。他的敞口就像那些纺织品织物一样：它们就是被形状留下的东西。

然而，这种消极作用被授予入口通道的积极性质平衡了。就像我们前面讨论的那样，街道被感知为行动的积极通道，所以在赖特住宅中的出口和其他功能空间都被时进时出的运动充满了。在这个例子中，闭合和开放空间之间的对抗，与布雷为他的容器所想像的，是完全不同性质的对抗。物质的平板和立方体必须被抑制，以免把宽阔空间减少成只是空隙，而不能维护它们在视觉上的积极作用。一方面，门必须被许可看起来像门，即为了积极限定敞口，窗必须看起来像窗。因此，如果人走进走出以及向里向外看的权利由视觉形式确定，那么它要继续制造意义，归根结底，值得一提的是门和窗。另一方面，宽阔空间必须被抑制，以免把物质的平板和立方体减少成只是脚手架，因此使建筑丧失它的功效而成为棚体。

当敞开和闭合的空间被给予了相等的份额，这种效果是个网格，它在动力上是不确定的，简单地规定了建筑表面带有透明性。在现代建筑中，这样的网格可以置于实际墙体的前面作为反对太多敞口的保护。更为常见的是，墙体本身显现为半透明的网格，其中，敞开和闭合空间有节奏的转换。国际风格的隔壁墙提出这种有浸透性织物的性质，像哥特建筑的表面做的那样，例如，在大运河（Grand Canal）河畔的威尼斯宫（Venetian palazzi）的饰带。

这种网格效果取决于它们敞开和闭合空间的一起行动作为一个分隔物的性能，即它是平面还是一个具有某种深度的面层。得到的这种效果和基本知觉原理相一致，即直线或者平面不需要被完全讲清楚，如果它的结构被充分地表现出来，将会在观者的心中自我完善。正方形的图案可以通过建在四个角上的四个点产生出来，同样，在建筑的范围内，城市广场可能通过四个角的建筑充分标示出来。于是，尽管一半以上的建筑网格表面可以构成敞口，但是它不过还是被感知为一面连在一起的墙。

同样，两排立柱把罗马式教堂的正殿从走廊分开创造了透明性，而且稳固地呈现为隔离物。或者举垛口的例子，它把墙的顶面定界为两个平面：底平面更为强而有力（图 115b），但是在平面 a 也很显而易见，两个平面的水平线间歇地出现，但是眼睛通过暗示式样的力强迫完成界线。

图 115

垛口顶部的固体墙带有透明或半透明的边界，与现代建筑的网格非常相似，例如，在拉斐尔（Raphael）的绘画《玛利亚的婚礼》（*Marriage of the Virgin*）（图 116）背景中神庙底层周围的门廊。一方面，建筑的圆柱中心建立得如此稳固，以至于门廊像栅栏一样。另一方面，人们可能发现新奥尔良（New Orleans）19 世纪建筑的铸铁饰带阳台建立了建筑框架，在建筑框架的后面，沿着墙体排成一排的阳台的敞开空间形成一种透明的薄层。围绕哥特教堂的扶壁形成一种蜿蜒的轮廓，这可以被描述为水平方向的垛口。在这里，两个表面的水平面可以具有大致相同的力，并且它们闭合的开阔空间表现了一排通风通道，随着固体的支扶壁而改变。

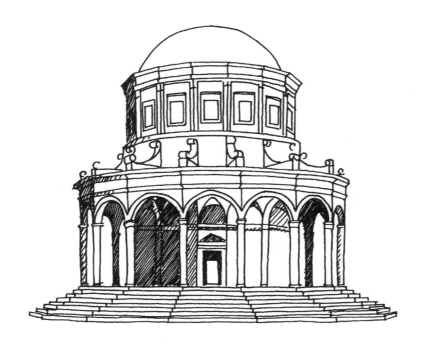

图 116

　　适于那些希望穿透支柱边界的建筑师的各种不同解决办法，在这里只能用几个例子提供一点线索。帕拉第奥（Palladio）在维琴察设计的奇立卡提宫（Palazzo Chiericati）的正面全是用间隔立柱的纤细网格建立而成的（图 117）。因为柱廊不够坚固不能建立起充分正面网格，所以在"主要楼层"的中部中间位置用墙和窗户填充了，足够坚固以至于使前面的平面成为正面。

　　一个复杂的现代例子是威廉·L·佩雷拉（William L . Pereira）建筑事务所为加利福尼亚大学圣迭戈（San Diego）分校图书馆做的设计（图 118）。这座建筑坐落在球体形状上，然而，它的边界只是通过实际结构构成的库内阅览席画出了轮廓。在知觉综合力创造的球状体与实际建造的 Z 字形形状之间的边界区导致了半透明——半实半开。这个区域干预了建筑实体和环绕它的空域，这种效果透明的玻璃墙被极大地加强了。为了与垂直段的椭圆形相一致，从建筑中心伸出悬臂的楼板逐渐向上升到达第三层，然后卷起至屋顶。就像水平的等高线一样，垂直边界通过三角的 Z 字形在侧面显示出来。另外，倾斜的轮廓被 16 根有力的斜梁柱充分表现出来，它们以 45°角支撑着伸出的楼板。不是倾斜的墙而是柱廊，这些排架呈现的仍然是透明的网格效果。

图117　奇立卡提宫（照片：Alinari）

图118
加利福尼亚大学圣迭戈分校图书馆（照片：Robert Gl-asheen）

　　我在这里极力想阐明的观点就是建筑物很少通过完整的边界与周围的空间分开。被门窗穿透的墙体调节了闭合的完整性，这导致了把建筑用一层由实体和开口转换造成的透明或半透明套子装起来的各种方法。建筑外层的最不规则的方式是巴洛克建筑表现出来的，它在这方面与浮雕相像。浮雕一般在由图形间的底形成的后平面与最外层的凸出物创造的前平面之间被附加上的。在这些边界之间的空间中，图形在它们的所有各种形状中展开。更为相似的是，在巴洛克建筑的正面中的大量立柱、壁柱、檐口以及墙体平面一般都通过把所有雕塑骚动限定到两个被充分限定的平面之间的区域而符合一个统一秩序。就好像在浮雕上放置一块玻璃板，它会触及主要凸状物的外缘。

　　众所周知，开放、松散、透明是许多现代建筑的典型特征。空的空间和气密性建筑固体之间的基本二元对立被缓和了。没有严格边界把二者分开。在极端的情况下，建筑被简化为骨架，它描绘出奢华的式样轮廓映衬蓝天——只是一种特异景象。水晶宫（Crystal Palace）和埃菲尔铁塔（Eiffel Tower）是早期明显的例子。对于我们特定目的来说，在这种结构中，表面不是被它们不透明的固体所限定，而是被系统的线条——支柱、竖框、桁架、缆索——它们充当视觉矢量并且指明力的方向，这是我们的兴趣所在。表面和体积被表现为丧失物质形态的动力系统。清晰表明玻璃建筑的透明体积或者把吊桥悬索拱与它们的基础连接起来的钢筋骨架的平行阴影，可以与雕塑家嘉博（Gabo）、A·佩夫斯纳（Pevsner）、亨利·摩尔（Henry Moore）创造的像竖琴表面的束带层和钢丝索相比较。似乎自相矛盾，锻钢技术和工程技术对建筑风格的影响已经导致了这种精美，使眼界大开，但几乎是难以触摸的困惑。但是我们记得，在现代物理学中，在力的系统中，物质的减少承担一种相似的分离。

让我最后提一下，开放明确地克服外部和内部之间的二元对立——并不是在这种感觉中，它允许我们从外面看到里面的空间或者从里面看出去。更根本的是，边界的开放展示建筑的体积是三维的，通过眼睛，实际是观者引导自己进入内部空间。确实，甚至当建筑只展示外部立体形状，或当立体的合成物强调除了高度和宽度外，深度也是它的一个空间属性时，建筑把自己展现为三维空间。但是这种证明保持限定在建筑的外观上，无论它是在所有方向的弯曲折起多大程度的一个平面。体积的真实圆满，即它的连贯性超过外观进入到内部，被外部的观者抑制了。他只有单凭信仰接受了它，除非建筑特征满足垂直的边界并且穿透它。

我谈到过门窗的非物质性平面，它们的图像只是建筑师平面图上的细线，甚至它们履行连接外部和内部强大功能时也是这样。一座桥梁或走廊通过把穿透度呈现为一个明确的视觉维度而修缮这个非物质的平面。这种进进出出的功能被给予了物质通道。这种相同的功能被深遮阳百叶窗和相似的横向板实现了，它们借助窗户开口的纵深并引导眼睛从外面穿过墙体到达内部。值得记住勒·柯布西耶的朗香教堂窗户的纵深通道，通过把它们的开口从狭窄的外部到宽广的内部开成八字形，从而给予了一种动态推动力。

这里再与强加给自身的现代雕塑比较一下，亨利·摩尔、雅克·利普希茨（Jacques Lipchitz）和其他人用孔洞把雕塑体穿透，目的是为了超越完整外部表面的两维。这些孔洞给外部形状的维度增加了深度。建筑师波托盖希评述了某种废墟，例如，古罗马的圆形剧场，把它们的断片展示给观者，因此解释了它们内在结构的本质，诸如圆形剧场成梯形座位的通气孔和隐藏在下面的回廊之间的关系（图119）。断片也澄清了圆形剧场巨大圆筒的外正面和它内部形式的放射状方位之间的关系——不仅是我们理性的教诲，而且还是作为对抗地适应真正三维结构特征表现的等价物。波托盖希谈道："认知的魔力是由结构物的透明获得的，它们把自己以建筑潜在的丰满形式展示给我们的眼睛。"

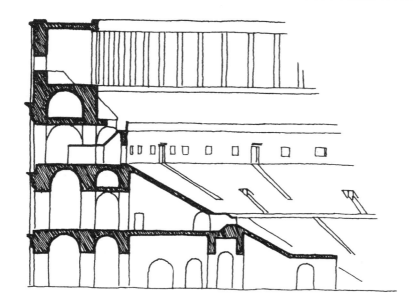

图 119

基础的扩张

从动力上讲，建筑不只是坐落在一块土地上的固体实体，它积极地置换空间。这种置换保持建筑外观的一种永久特征。它是一种动力现象，正如我们将看到的那样，揭露出不同程度上依赖建筑形状。甚至一个基本立方体，当感觉到动力时，从内部中心朝提供自由的方向扩张。

任何这样的扩张都需要作用的基础，力从那里流出，知觉力的形成不能没有源泉。建筑最普通的基础当然是建筑所在的地形平面。我们前面说过建筑从地面升起来，好像树木生长一样。但是这种生物类比有明显的局限。首先，地水准平面的无边无际阻止我们把地球察觉为三维的。地面显现为一个平面、两维的平面。它是一个基础，但是没有视觉体积，因此没有合适的知觉力的发生器。甚至树木也不是被真正看见从地下生长出来的，而是从它自己的根部生长成树的样子，如果了解它们的生存情况，然后地面被看作是隐藏并包含树根，但是对生长的知觉基础而言很少或没有贡献。

建筑甚至也是这样，以物质事实来看，建筑可以浸入土壤中"一直到它的腰部"，像维克多·雨果说中世纪教堂、宫殿和城堡那样，"建筑的基础对一座下降的、而不是上升的建筑而言是另一建筑，并且它把它的地下楼板平面安置在大厦的外部楼板的柱子底下，就像森林和山脉把它们自己倒映在下面的湖中一样。"但是无论看见水中的倒映物是什么，建筑通常被设计为从地面开始并且矗立之上，读者将会想起我们现在的讨论与前面对比萨的洗礼堂的讨论相关（图41）。

这意味着建筑必须在其体内提供知觉力流出的基础，就像那些力本身一样。它必须同时是射手又是箭，这些功能不能被隔离在建筑的形式中。大多数建筑的大部分包含两种动力功能，金字塔的简洁形状是一种笨重、压缩的质量置于地上，但同时它是楔形显示一个向上的力。金字塔两种动力主题在金字塔里处处都是共同出现的，并且基础和矢量之间的相同比率似乎从头到尾被保持。

我们知道所有动力有两种阅读方式。金字塔的上升是被向下的压力抵消的，它在顶端只是一个点，当它向基础行进时，生长为非常大的基础。然而，这种向下的运动明显是次要的，因为在任何时候，一个视觉式样都被锚定在一个固体基础上，朝向自由端的方向占优势。在金字塔的水平层中，两种动力更加明显积极，当它缩小时从地面上升，或者反之，扩张时从上面下来。在水平维度的收缩和扩张对金字塔的基础没有任何关系，因此可以在感知中转换。

上升和下降、紧凑和扩张之间的互补关系构成了金字塔内部动力。更宽泛地说，这种内部行为蕴涵在建筑和它的环境之间的关系中。金字塔向上推起的时候置换了空气。同时，周围空间可以被看作挤压建筑，例如，通过渐渐地缩小它的体积直到最高处，金字塔达到一点并且完全消失了。建筑的稳定形状在动力上被感知为从内部产生的扩张力和从外部会聚的压缩力之间产生的平衡。

金字塔完成一个简洁、不中断的整体。然而，大多数建筑物被细分了，并且它们不同部分履行了不同的动力功能。一个阶梯金字塔从中间塌落下来，它可能不能足够强大到造成一个真正的分部。它的阶梯可能被看作是另外一个简洁多面体的有棱纹的表面（图120a）。但是这些阶梯也可能把这个固体转换为一堆片段（图120b）。在这个例子中，收缩或扩张的任务被看作是一组参与者成员间的分类，它们行动一致却在不同的性能水平上，底层的片段有最大的体积，向环境空间突出得最远。随着高度上升，各层的扩张力减小。

尽管这种见解从实际所看见的形状很少得到支持，但是也可能把这座阶梯金字塔感知为一套立体形状，到达不同高度并且互相套入（图120c）。在这个例子中，这组执行渐渐增强的向上推力：基础越宽，它上升的力越缓慢；基础越纤细，它向上的推力能量越大，体积和力之间的比率随个体的不同而不同。

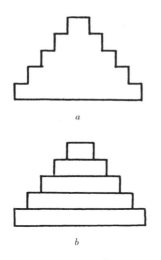

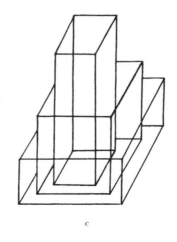

图 120

　　像阶梯形式的相似效果可以在弗兰克·劳埃德·赖特的屋顶边缘中找到。与简洁的三角形状相比，梁板这样的倾斜度显得更加微妙：总的推力由几个精巧的推力组成，并且被分解为许多阶段，每个阶段都显示出一定程度的效果。尽管这样的细分分裂了紧凑的推力，但是它也使倾斜度更加清晰更加显著，尤其不从侧面看，而是从下面或从前面看时更是这样（图 121）。波多盖里在他自己的许多作品中运用了这种像阶梯一样的梯度，把它们描述为回音效果。用例子来论述，除了赖特之外，万神庙和普罗密尼（Borromini）设计的罗马圣依沃教堂（St. Ivo）的圆顶，还有米开朗琪罗的劳伦斯图书馆的阶梯阅览室。

　　当这样一个效果让所有组成部分一起用同样的力完成相同的功能时，结果不是回音而是齐声合唱，互相确认而不失去它们单独存在。每排立柱呈现这样的平行性。一排立柱的一个功能清楚地说明了墙体的动力特征，当它们的表面是空的时候缺乏表现性，因此未组织。一排立柱把平面限定为垂直上升力的式样。开垛口促成一种相似效果，当然认为更加微弱。

　　长方形或立体元素的多种水平和垂直维度，进一步引领我们通向无穷无尽的丰富动力关系中。如果减少到两维平面，图 122a 可以被分成三个部分。当我们按照中间的高柱指示的那样，把这个结构垂直切开，察觉到矢量的三重奏，在方向上相同但在力上不同（图 122b）。两个低柱侧翼包围这个高柱，但并不对称。这个高柱不在中心，两翼不相等。这产生了倾向右侧的一个动力，由短的、从右侧陡峭上升形成一个倾斜的三角形，并且由长的、缓的斜坡从左侧形成一个三角形。在这里效果

图 121
神圣家族教堂

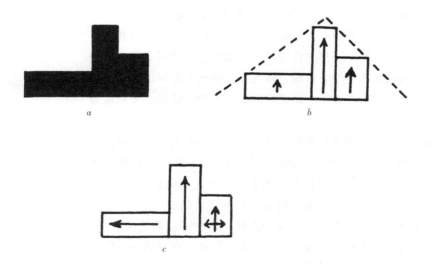

图 122

的变化再一次通过在个体中体积和力之间的不同比率加强了。左边这个，理解为垂直，严重扩张，但是效果缓慢，那个高柱纤细有能量，第三个个体，右边的那个，介于两者之间。

当然，这样一排排垂直个体最复杂的运用出现在天际线中。建筑物的偶然毗邻使我们一个接一个地看它们，而同时，它们或多或少被按照无理性进行了分组。由于缺少一致的顺序，这种垂直延伸的合唱经常被感觉为视觉噪声，即作为巨大的未组织的感官刺激，可能具有鼓舞性或者妨碍性，取决于观看的人。

由于天际线的例子说明空间一系列元素可能以不同的方向被阅读。人们可以从左到右读它，或者反之亦然；人们可以选择一个元素作为中心，从它向两个方向移动或者从两侧趋向于它。眼睛也可以来回无规则地跳动，不断发现新的关系。尽管这些方法中的每一种都提供了一种不同的体验，却没有一个能把其他的排除在外。作为一种空间式样，天际线存在于它各个部分的同时性中，按顺序探索的路径是由观者游动的目光引入的。

在一个更有秩序的式样中，一些这样的顺序是结构强加的，而其他的则不然。在观看一排管风琴管围绕最高的对称分组，观者的眼睛为了看清全部必须扫描，可能从顶点开始，向下到左或到右；或者反之，它们可能爬向顶点。当眼睛在这种式样中从一些其他的地方离开时，这种探索被认定为更加具有主观性、偶然性和瞬间性，因为它不是与这种结构——探险家通过冒险可能得到的刺激相一致。

一套管风琴管和它的所有元素指向相同的方向全部被安排在一个简单平面中，与建筑形状中见到的各种尺寸并不相称。我们再回到122a图，注意到左边的低平单元不情愿地被看作像其他两个那样向上升。它的主轴线使它自己更倾向沿着水平方向形成，因为那是最长的。这改变了整个式样的动力（图122c）。我们现在看见左边的单元和中间的高塔互相布置为直角，因此它们描述了两种主要空间维度，而右边这个单元现在不只是介于它们的高度之间，而是在它们的方向之间了。

三维中的西法鲁大教堂

复杂视觉形状的详细描述不可避免地使阅读单调乏味，因此我把自己限定举简单的例子，来阐明通过真实三维建筑作品显示出的丰富动力关系这个目的。当我们走向位于西西里岛巴勒莫市（Palermo）宏伟的西法鲁大教堂（Cefalù Cathedral）（图123）的时候，我们看见了什么？

图123　西法鲁大教堂（照片：Alinari）

垂直上升的主题被托付给两座塔楼。它们实现这个任务比建筑本身更能引人注目，因为与它们达到的高度相比，它们相对显得纤细。由于单扇窗户妥协为两扇，一种轻微渐渐升腾固定了它们主体向上的运动。人们顺着塔楼的垂直轴向上望去，视线被这个轮缘非常粗暴地停了下来。人们可以越过它，因为它的出现没有任何提示，并且与向上扫视的活力相比，它比较弱。这个轮缘用于逐渐徐缓；它提供了塔身的第一个收缩，在尖顶实施最终的挤压之前，它把向上的运动伸向天空。

与侧面的指示物相比，中间的主体部分，几乎是正方形形状，看起来很笨重，像嵌入似的。因此它给建筑提供固体核心并且使它固定在地面上。檐口强调把中间主体部分分成两层，每层都比其高度宽，它们作为垂直塔楼的横向反对物。然而，中间核心的连续性被从门廊到上层的缩短而修改了——朝向塔楼顶部收缩的一种附和。这种缩短是对垂直上升的一种认可，它使眼睛逐级向上。同样，这几排拱门创造了尺寸减小的变化率：从三个高大宽阔的门廊依次上升为底二层交迭的拱门，甚至最终在顶部缩小为拱廊。上层拱门没有提供过多的闭合：中间结构，尽管它的作用是作为平衡物，却没有受到屋顶或顶盖的抑制，因而带着它自己垂直的渴望，漂浮于门廊纤细的立柱上面。

前面，当我比较建筑的正面图和平面图维度的时候，我提出了垂直面提供了建筑作为纪念碑的视觉形象，那里水平面解释了人与建筑之间的物质上的相互影响。在水平方向上，当我们走向西法鲁大教堂的时候，我们的目光首先与塔楼相遇了，它们先于平面上的中间部分，就像它们在垂直面统治它那样。塔楼坚定地靠拢，并且在它们呈方形断面的简洁中心对称中展示了自治独立。它们的形状对观者的到来置之不理，并且在底层既没有提供门也没有提供窗户。观者在凹进部分中心受到接待——甚至更为突然的楼面缩进作为两个正面平面之间的介体于 15 世纪晚期被加在门廊前面。门廊提供了一个好客的敞口，也是作为通向教堂内部的一个序幕。它通过宣告这座建筑是一个容器、它的主要功能在里面得以实现，从而补充了塔楼简洁的连续性。

拱门的动力

我们再看一下西法鲁大教堂，将会使我们意识到门廊的三个拱中的差异，中间的拱是半圆的，侧面的拱是尖的。它们度量维度是相似的，因为它们具有相同的高度，尽管两侧的有些窄；但是它们在动力方面的差异是基础。这个半圆弧度在中间拱上面的起拱点把它的矢量均衡地传到各个方向，表明没有偏向任何一方。它的行为就像圆花窗或车轮形窗一样，它们忽视垂直和水平框架，几乎一点不受重力的吸引，悬在墙上某个地方。圆花窗经常充当中心，在它的周围，建筑主体部分把它们自己分组形成一个排列，在某种程度上忽略了上下之间的差异。半圆拱与支柱组合起来，因此变成垂直动力的一个参与者。然而，由于立柱的引导，当观者的眼睛向上升的时候，他们发现由于向各个方向扩散，运动终结了。与尖拱不一样，中间的拱附和了建筑的中间主体功能，正像我们评述的那样，锚固的重力抵消了向上漂浮。

侧面拱的轻微尖顶足够持续支撑立柱传来的方向。我有幸阅读了《不列颠百科全书》（*Encyclopedia Britannica*）中关于印度教徒反对尖顶拱门的结构特征，因为他们说它"从来不睡觉，意味着它总是努力插入，趋向于它的破坏"，这是尖拱不能堆好的原因，它们插入它们上面的任何基础并且威胁墙体的坚固性。

回到圆形拱：它们的表现取决于所用的圆有多大。半圆提供足够的结构创造我所说的放射形扩散（图124a）。然而，同时它满足了在逐渐接近垂直方向的那一点的支撑力。它从环形连续滑进直线形并且在起拱点引起了结构的含混性。当柱头被用于接合处时，它们帮助标明了结构转换。它们也修缮了圆柱与拱组合时引起的笨拙问题。它经常被评论为拱门要求墩柱作为它们自然的支撑物。就像康拉德·菲德勒（Konrad Fiedler）恰当地指出，当拱被"切掉"时，墩柱基本上只不过是墙体的一块残迹，柱子破坏了支撑物和墙体之间的交流。

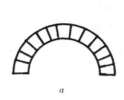 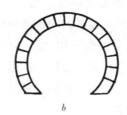 

图 124

只要拱的圆弧度经过标志的一半，即只要它的中心被放置在起拱点上面，圆弧趋向合拢产生了它的力，它就创造了摩尔人式的马蹄拱（图124b）的典型张力，它预示要突然闭合，与垂直支柱断绝连接。它也通过使它们向内弯曲而检验墩柱的绝对垂直度。

　　当圆拱的弧度覆盖少于 180° 的时候，它逐渐失去环状并且接近直线（图 124c）。在这里注意，弧形圆的一部分，在几何上没有必要这样感知。在弓形的弧度顶部中，由它的垂直支柱构成，趋向于失去它弧度的稳定性，而看起来好像在中心有最大的弯曲度并向侧面伸直。这意味着圆形弧线放弃它自己的中心对称而成为一部分结构的垂直对称轴。它的中心拱石被重新定义为顶点，整个弧线使自己适于这种阅读。

　　因此，弓形暗示尖端，尽管很弱。作为一个尖顶形状，它看起来很钝并且有些软；但是从它本身看来，作为圆的一部分，它感觉在几何上很硬，有些模糊并且摆脱这样一种形状。它上升，却没有自信，并且它试图保持尖顶而不折断它的环形。

　　圆形是最统一的，是所有几何形状中最不容易破碎的了。但它最容易受切线攻击，切线能使它不知不觉地成为直线。但是它不容易与其他曲线或不同半径的圆形线组合。利普斯指出，规则性并不一定能创造出美丽的曲线。他反对一位"现代美学家"提出波形构成的半圆是美丽的这一主张（图 125）。利普斯坚持说这样的组合是丑的。它假装提供一个单一流程却取而代之通过突然的反向把它有规则形状的每一部分组合起来。一个半圆有如此大的圆形结构以至于它几乎不可能与其他曲线组合并且产生单一形状。当然，实际上图 125 根本不是一条规则曲线，而是规则曲线的拼凑物。一条曲线自始自终遵守相同的规则，例如一条正弦曲线，表现了视觉流程中的数学一致性，这恰是利普斯所坚持的。

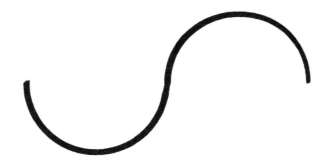

图 125

　　虽然尖拱从历史上讲是源自于半圆拱，但是它应该与比较简单的三角形敞口有关，它是在传统上被用来减轻门楣上的压力。当然，这种三角形解决办法的原型是迈锡尼狮子门（Lion Gate at Mycenae）（图 126）。通过比较，由两个圆形部分组成的尖拱使敞口凸起并且加强了它的"图"的特征（图 127a）。弧度和直线的组合也丰富了形状；当两个弓

形的中心位于起拱点的平面时，弓形流畅地延伸进垂直式的支撑物中，
但是三角形山墙产生了断裂。

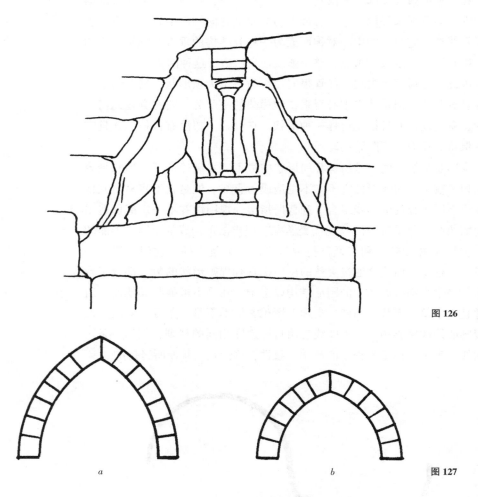

图 126

图 127

在弓形拱中，尖拱的圆形半开对搭接，由于从属于垂直结构而失去
了它们的本性。如果人们有意把它们从背景中孤立出来，尖拱的两侧就
被察觉为只是圆形部分。在背景中，它们由于慢慢偏离垂直面而显现出
来。在这方面，它们相似于三角形门楣；但是尖拱的动力更有力量，因
为它曲线侧的偏离慢慢开始并且以渐增的比率向顶点发展，这种渐增比
三角形直边的稳定倾斜更有动力。

在垂拱中，两个弓形的中心在起拱点的平面相对位于接近一起（图
127b）。因此，它们的组合类似一个半圆，尤其当它们相遇的点被天窗

遮蔽起来时更是这样。我在其他地方曾指出过圣彼得修道院（图128）圆顶轮廓中合成效果的特殊性质，弓形的圆形硬度与轻微的上升在顶部组合起来，传达了固体主体的表现，它的硬度被中心的动力矢量巧妙地调节了。

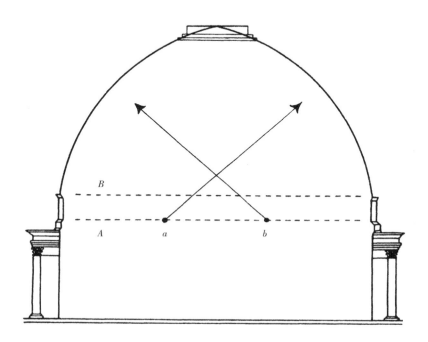

图 128

　　大部分拱通过与支撑柱或壁柱的组合适合于建筑的垂直维度。比较而言，如果有人认为抛物线拱或反垂曲线形拱把向上的运动和单一曲线中的圆形组合起来，那么这种实践的视觉重要性就变得很明显。直线性的缺乏导致一种效果，表明了大部分基本上在圆形窗中。它们显现为墙上的孔洞或墙上的贴花，但是它们不分担墙体本身结构。在相同的意义上，长方形窗户作为开闭空间的方格式样的部分能够分担墙体本身结构。同样，抛物线拱或反垂曲线形拱显现为墙上的孔径，而不是它的部分。对这种关系不会有异议，就像对圆形窗户的效果没有异议一样，但是它的知觉性质需要被承认。尖拱和半圆拱在建筑的垂直-水平框架中通过它们正交脚柱的效能而拥有了基础，但是它们是从它们弯曲的顶部显现的，它们不受与墙体直接结合的约束。

　　注意：在这种连接中，通过三角形山墙和门窗山墙的半圆拱的组合获得了动力效果。在半圆形成的三角杯形，像我们在文艺复兴时期的建筑中见到的那样，如法尔内赛宫的庭院或朱利奥·罗马诺（Giulio Romano）在曼图亚（Mantua）的府邸的正面和反向形式，例如，米开朗琪罗在庇亚城门（图 129）所用的，有典型风格上的差异吗？当半圆遮盖住山墙的时候，它保护周围的墙体不被三角形边的矢量穿透，因此减弱了刺入的动力。当三角形和拱被转换的时候，曲拱在下或在山墙内，看起来像刺入的初始阶段，在三角形中变得很明晰，动力没有被征服而是加强了。米开朗琪罗在劳伦斯图书馆中，通过转换门廊窗户上的弧形山墙和三角山墙获得了同一种效果。

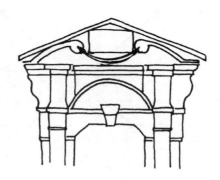

图 129

第八章　表现和功能

在这本书中，我始终关注的东西表明，视觉表现是所有建筑形状不可缺少的、绝对不可避免的属性。从这个观点来看，在水泥柱未装饰的笔直表现和巴洛克内部梦幻般的表现之间的原理没有什么不同。每一种都能使建筑师和用户的人生哲学需要在感官上得到满足，不同之处完全是风格上的不同。

装饰及相关

结构的必要性和装饰之间的区别有必要做出区分，然而，这种区分是通过实现建筑本性的两种其他途径做出的。一种主要的途径是简单作为棚体的物质需要，它限定了建筑功能。从这个观点来看，似乎在建造一个稳定建筑所需要的和在这个基础上所添加的东西之间有相当清晰的区别。然而，心理学家可能被允许指出，物质和精神需要之间的区别比它所呈现的更加不可证明。人类所有物质需要都把它们自己表现为精神需要，从强烈的生存需要到口渴、饥饿的满足都是一种精神需要，是在确保物种生存的演变过程中发展而来的。一个生物如果没有拥有这些渴望将会在数小时内由于缺乏食物而平静地死去。建筑师提供的需要是一种专有的精神需要，建筑的占有者在不受风吹雨淋的保护、看报纸有足够的光线、满足感觉平衡的充分垂直和水平维度、墙体和地板的颜色和形状传达的必要性之间，很难做出合理的区分，通过眼睛，全部生活才成为乐事。

实际上，传统的功能标准不是指满足用户的"物质"需要，而是创造和支撑建筑物质结构所需的更为简洁的结构。维特鲁威（Vitruvius）在装饰的秩序中关于这个主题的基本阐释是非常明确的，维特鲁威区分了木工和艺术家的贡献：作为木工，他建造柱子、壁柱、梁和墙体；而艺术家，他切断突出的末端，创造一个平面，为三竖线花纹装饰雕刻凹槽并把它们涂成蓝色等，他努力提供"比通常的更美"并且避免"丑陋的外观"。

一种非常相似的区分被另一种途径实现了，即决心给人们称为建筑的柏拉图主义"理念"的东西，即它存在的本真下定义。为了实现这个目的，洛吉耶在他的一篇关于建筑的论文中，诉诸于原始小屋的观念——不是从建筑的历史起源获得标准，而是建立了允许他区分本质和非本质的准则。原始的小屋元素标明了柱子、柱上楣构以及山墙这些任何建筑的基本构成。"从现在起"，洛吉耶写道，"一座建筑的那些基本构成部分和那些需要和任意添加而引进的东西就很容易区分了。"因为洛吉耶排除了居住者的需要，而从结构的那些东西来区分，他的那些本质标准确实有些苛刻，甚至墙体都不计在"许可"之列，只要有四个角的柱子，就不需要它们来支撑屋顶。

仅当在建筑师走向过分"装饰"趋势的反应中，洛吉耶所提倡的严格标准至少在理论上才能被理解。在我们自己这个时代，相似的反应在建筑形式被剥落成光秃秃的几何骨架形式中暗示出来。我们现在意识到，这样的节约不是对滥用必要修正，而只是一种风格选择。

对于这个问题的洞察可以通过参考阿南达·K·库马拉斯瓦米（Ananda K . Coomaraswamy）关于装饰的意义的评论中得到。库马拉斯瓦米回溯世界上伟大文化"装饰"或"修饰"并不是为了没有理由的美化，相反，而是为了物体或人的必要属性。这在这些术语的原始意义上和在其他语言中它们的等价物上都是很明显的。装饰原意是指必要的装备，如轮船或祭坛的装饰，或为语言有效交流所需要的修辞。修饰是由礼仪发展来的，为物体或人指示出正确完善它的功能所需要的东西。甚至在我们自己的时代，库马拉斯瓦米说，"例如，如果法官只是穿着长袍时才能行使裁决的行为，如果市长通过镣铐被授权，国王通过他的臣民被授权，如果罗马教皇只有当他念'诏书'时才是真实的教皇，'离开宝座'，这些东西没有一样是装饰。"他也评论说我们称为魅力的东西起源于一种吸引力，即魔力，并且"装饰"源于"完整的体系"，因此表明是合适秩序所需要的东西。

这些术语意义的起源，现在被它们所指代的功能悲哀地贬值了，在所需要履行物质功能的东西和使感觉完全相悖的欣喜之间保持一种我们自然的区分。画在古希腊和新几内亚岛上的船首上的一双眼睛和船"本身"的合适形状及木板对安全行程具有本质上的意义。同样，建筑取决于作用于人类心灵全部形状。从这个观点来看，在哥特教堂拱顶结构或在奈尔维设计的体育竞技场中标识出来的肋拱与拱顶一样是不可或缺的，并且科林斯式柱头的叶饰和圆柱本身一样必要。

　　只有认识到这种原理，人们才能够找出把加强建筑的视觉性能与妨碍它的其他东西区分开来的标准。然后只要看看威尼斯的安康圣母教堂（Santa Maria della Salute）这个例子，人们可能会问是不是这个巨大的螺旋饰由于顶上戴着的雕像（即围绕圆顶平台之上的所谓的"耳朵"），从而维持或破坏了圆顶和教堂八角形基础之间的关系（图130）。

图 130
威尼斯安康圣母教堂（照片：Gerald Carr）

　　在《最后完整的装饰!》（*Integral Ornament at Last!*）题目下的几个重要篇章中，弗兰克·劳埃德·赖特把完整的装饰定义为"建筑作为整体发展起来的感觉，或者结构本身明显的抽象形式。解释性的，完整的装饰只是简洁的结构式样，被视觉连贯起来而成的并在建筑中被看出来，就像在树林中或田野里的百合花中看见的那种连贯。"他适宜地指出贝多芬第五交响曲是由四音调主题发展而来的，没有人的右半心灵能够描述并且可能消除这种暗示，所有偏离那四个音调的都是含混的合法性的装饰音。

实际上，在音乐中这种装饰音的存在，表明它们不是用于区分作品的本质和无理由的附加物，而是来自由作曲者和演奏者的劳动分工，那是与现代音乐背道而驰的。在格列高利圣咏初期，那时歌唱家"沉溺于传统美妙音乐的即兴表演"［阿佩尔（Apel）］，一千年后，歌唱家和乐器家达到了顶峰，这种实践指派给乐手提供乐曲基本结构任务，完全展开形式的完成则是表演者的责任（参见图68）。当建筑不是完全严格按照展开的设计图进行，而是取消整体形状和功能的一般平面图，把完成大厦的任务交给我们称为承包商的想像和技巧时，在这两个例子中，"装饰"都不是指没有就不能做的那些东西。

音乐中，作曲者的任务和表演者的任务之间的区分使作品的结构骨架明晰起来。阿佩尔说，当作曲家开始写出清晰的细节，就是他们想让听众听的，这种创新被描述为：

> 对乐谱的视觉清晰是有害的，例如，巴赫（J. S. Bach）至少遭到一位同时代音乐家的当场严厉批评，"他在实际的谱子上写下了装饰音并且润色，那是表演者习惯于本能提供的，这种习惯不仅牺牲了他音乐的美感，而且使音乐整体变得模糊。

被这种批评指出的异议也对建筑师相似。面对确保他的设计潜在形式主题出现明显决定所有详尽细节的问题，任何建筑师都不愿意把他的陈述限定在几种基本形状中。含蓄在这里是统治所有知觉形式的基本原理，以这种方式组织起来的成功形式，所有细节都被理解为详尽的细节——"逐渐变尖"是中世纪音乐家所使用的术语——高级形式，并且这些依次相似地与它们的上级保持一致。这导致了一个等级结构，它允许观众和听众在逐渐主题显露和丰富时掌握复杂的整体，这是设计基本意义所承载的。在基础的简单断言和它实现中获得丰富成果之间的相互作用，展现了建筑陈述的主旨。

在这里注意，特殊作品的特殊品质既不存在于我们能够从其他作品里分享到的基本主题，也不在它风格的表面背景中，而是正像音乐学家海因里希·申克尔（Heinrich Schenker）告诉我们的那样，在设计的

"中间道路（MiddleGround）"，这告诉我们艺术家运用了一个风格于主题所实现的东西。

源自于动力的表现

功能和表现这两种主要概念，前者是建筑师最熟悉不过的了，尽管对它的意义达不成一致。后者——表现，虽然也同样是基础，却几乎在建筑的大多数系统讨论中缺席，而且只是以传统象征主义狭隘感觉形式出现。由于这种情形，这两种概念之间的关系远非清楚也就不足为怪了。当建筑师决定"功能"应该被限定满足身体需要时，他缩小了这个术语的意义以符合他的态度和风格。实际上，当他说对他的建筑所要做的一切是保护它的居民免受雨雪、严寒酷暑、夜贼和窥视者的侵害时，他的意图非常明显。然而像我前面评论的那样，这样的一种限制企图把不可分割的人类总体需要切成碎片。让我再一次断言，身体的需要变成只是心灵感觉不适的需要，就没有感觉方式去区分保护身体免受炎热之苦和心灵对带窗帘的窗户的喜爱，也不能区分人类生命财产安全和住在里面的安全情感。不同的意义可能被唤起去满足这些不同的需要：使用保温材料获得想要的室温，使用适合的颜色和空间维度使房间"感觉"温暖。然而，如果设计的基本原理是为用户的福祉，这些需要的任何彼此分离是不能被接受的，功能必须是指建筑满足总体的需要。

另外，表现取决于我所描述的视觉形式的动力。动力是心灵自然而普遍地对任何感知形式提供的一种属性，也就是以这种方式组织起来的结构能够被感知神经系统所掌握。

动力有属性，例如深度或弹性、延伸或挤压、敞开或闭合。这些动力性质不仅作为具体物体的具体可视形式被感知，而且还作为非常普遍的自然属性被感知。它们作为各种存在和行为的方式被体验，例如，在我们的心中可以发现类似物。人类的心灵也可以具有直接性、柔韧的、扩张性和退让性等。感知的动力在例证和说明存在和行为方式的普遍感觉中作为表现的承载者，在自然界和人工制造的物体中、在身体和精神作用中都能发现。

为了把这个表现的观点与其他思想家的表现观点区分开来，让我坚持我们所感知的物体和事件不只是我们人类属性主观所赋予的，即像"移情说"那样，而是动力属性伴随物体和事件的知觉对象出现的。使它们具有特性，拥有它们自己一些存在和行为的特殊方式。如果一座建筑几乎没有窗户和其他开口，它传达封闭的一些特殊属性——我们也可能知道的一种属性，例如，像心灵的一种紧张（实际上，我在结束的时候偶然注意到我们发现包含在建筑中的表现行为，能够使我们具体推论这些非感觉属性，如对抗、关系或态度）。

感知物体表现属性的能力自然存在人类的心灵之中。它主要在儿童的心中、在文明早期阶段高度发达的直觉敏感的人（如艺术家）身上被发现。它被在纯粹身体感觉中喜爱实际有用以及不愿承认不能测量或计算的现象的文明所妨碍了。

然而，在我们的文明中，完善的感觉在普通人之中绝没有得到恢复。它被促进人类经验的"诗性感觉"的社会习俗所喜爱。当公众的想像获得这种思想"强大的信念是我们的上帝"时，建筑物更易于被看作是承载了隐喻意义。但是必须承认，在今天的公共教育中，感知表现的敏感教育被严重忽视了。

功能不能决定形式

如果表现是存在于物体和事件的知觉表象的一种属性，那么它与建筑师所称作的功能有什么关系呢？很明显，表现与建筑的物质属性不完全一致：一座建筑可能建造的非常坚固，然而看起来很不结实、很不稳定。表现也与观者正确或错误认为建筑的物质结构是什么样子不一致，然而却有一些联系，例如，我们说埃皮达鲁斯（Epidaurus）的圆形剧场通过它的形状向收到共同信息的集会的一大群人展示了它的适宜性，同时，建筑表现了集中、民主统一、全体一致和平等的象征意义。

但是这些象征意义是如何进入到建筑中的？例如，在19世纪，艺术思想家康拉德·菲德勒对精神的同化过程做了雄辩。他说，建筑材料的特性和所有结构技术的偶然性的痕迹全都从观者的心中抹除了，所留下的东西只是建筑的纯形式。这听起来很正确，但是我们如何理解所见的物质对象——水泥、石头和木头转化为非物质的东西作为精神的显现？况且我们通过纯形式能理解什么呢？

当建筑师讨论形式的时候，他们通常满足于把它描述为物质形状。除非被指出来，否则他们不是明显担心形状是如何转化为精神意义的心理学问题，例如，和谐比例是美的传达者问题。他们也承认特定的形状通常与特定的意义联系在一起——例如，维特鲁威评论说多利安柱式适合密涅瓦（Minerva）、玛尔斯（Mars）和赫尔克里斯（Hercules）的

"男子汉气概"。确实，在这样的例子中，折射出物体的外表和它们的性质之间在视觉上密切相关的直觉认识；但是，在本质上，建筑思想家一直把注意力集中在意义与功能之间的关系是如何形成的问题上。

威廉·詹姆斯（William James）在他《心理学原理》（*Principles of Psychology*）中提到著名的法国论坛——"身体的功能"（La fonction fait l'organe），并且众所周知，建筑师已经把这种生物学原理应用于他们自己的职业中。但是现在变得很明显，在生物学和应用艺术学中，形式从来没有完全被功能所决定。理由正如设计师大卫·派伊（David Pye）所清晰解释的那样，功能是由抽象理论形成的，而不是由形状形成的，例如，一个楔形物所完成的功能可以通过语言描述，这个原理指明了形状的范畴适合目的，但是它没有指出对任何具体事物的偏爱。

在大多数情况下，这种形状的范畴用于特定的功能，不仅是理性限定，而且也是感性限定。感知也不主要与特定形状相关，而是与各种形状相关。我们能看出，首先，当我们看见一个物体是它所是的东西，这只是遵循感知的生物目的。甚至在处理独特的个体时，人和动物主要关心这个问题：这是什么样的人、什么样的东西或事件？这样当人们在插图中观察大卫·派伊所提出的楔形时，人们不仅在理性抽象上理解了，而且直接感知了它们作为一类属性所共有的特征——然而，带有重要限制条件，就是一些形状显示楔形特征比其他形状清楚得多。

当然，大卫·派伊认识到，物体的功能需要越具体，施加给它的约束就越强，适合设计师选择的范围也就越窄。火车头比花瓶提供了更少的自由，喷气式飞机少于纸风筝的自由。奈尔维指出，无论在高度还是在跨度超过 300 英尺的建筑"有静力和施工的要求，随着这些维度进程的增加，它们变得更加具有决定性"。奈尔维断言，如果技术进步不可逆转，被它决定的风格"不会再改变"。然而，甚至奈尔维也相信，尽管技术约束，"总会留有足够的自由空间来表明作品的创作者的个性，如果他是艺术家，允许他创造，甚至严格技术遵循都会成为真正而真实的艺术品"。

"自由空间"在物质功能约束中留出的开放性是我们在这里所关注的问题。建筑师是如何利用这种空间的？创造者展示自己个性的愿望当然不是主要原动力——我们都非常熟知这种动机令人苦恼的结果。用于使这种"成为真正而真实的艺术作品"的自由是什么？这样的艺术作品是什么样的？我们传统的甚至至今的典型答案是形式应该提供形式美。如果我们进一步追问美意味着什么，我们会得到，例如，L·B·阿尔贝蒂（Leone Battista Alberti）把美定义为"所有部分的和谐，无论在什么主题中，把这些比例和关系合适地结合一起，如果不使之变坏，那么什么也不能加、什么也不能减以及什么也不能转换。"

"黄金分割"这种比例的和谐甚至依然是被今天的设计师考虑的一个问题，但是只是"美学"任务，它被认为与真正相关的、实际的功能需要非常遥远。在我们当代，形式美有时被缩减为只不过是吸引人的工艺，例如，大卫·派伊在列举使用、舒畅和经济的实际需要后，加上"外观的需要"，这意味着"无用"，尽管不是说这些线条表面光滑、顺畅、平整、流畅、整洁合适等没有价值。

这样考虑问题的方式是不全面的。和谐和良好的比例并没有告诉我们哪种形式是和谐的或成比例的；也没有说明哪种工艺是优雅的工艺。物质功能不能充分地决定形式，并且没有哪种决定能够解释可视的同质关系产生于功能和表现的原因。美的意义，正如所希望指出的那样，只有当我们理解了美是完美表现的一种方式时才显现出来。

器皿表达的含义

布雷在他关于建筑的论文的开篇中说，建筑在某种程度上是诗歌："它们提供给我们感官的意象应该唤起我们使用建筑时所获得的相似情感。"重点应放在"相似"这个词上。但是我们如何理解这个正被讨论的这种相似性呢？它是如何引起的？让我们运用系统实证某种比较简单的物体功能，因此比大部分建筑更容易描述的物体，即瓷瓶。

图131给出了古希腊几种器皿的略图，它们是为了盛酒、水或土，有时也为了装花而制成的。为了便于讨论，我假定它们都充分履行它们的物质功能，具有各种各样的形状，我只给出了其中一小部分，不能根据这些花瓶被用于的不同目而简单解释。它们都用于三种作用：接纳东西、盛东西以及倒出东西，并且它们都有手柄。

在"美学上"处理这些物体形状的共同方法几乎不涉及它们的功能和表现。通过调查"在它们自己之中"的形状——它们的比例、弧度等——根据我们对喜爱的物体比例和形状的直觉，我们可以得到某种形式标准，关于这个过程，主要有两种评论。

首先，发现物体几何上的规律性并没有"解释"伴随感知关系出现的积极属性体验。明显的音乐例证是毕达哥拉斯学派为弹拨琴弦产生的音阶曲调发现的简单空间比率。弦上线性距离之间的关系和随后在声音颤动波长之间发现的相似比率，都不能解释为什么这种间隔听起来具有的简单和谐。这种通感在生理刺激的结构属性和感知对象的结构属性之间强烈暗示出一种因果关系，但是需要理论进一步解释这种关系的本质。

同样，斐波那契数列的几何公式或者黄金分割都没有证明这种对应的空间比率，可能从勒·柯布西耶的模距数列挑选出来的空间比率，只是惬意于人的眼睛，不能解释为什么会这样的原因。在刺激物和似乎合理的知觉对象之间做出因果联系，需要更多热衷于生物学和心理学的思考。

对于我们目的更为重要的是观察。当这些形式意味着包含这样一种功能主题，如接纳东西、盛东西以及倒出东西，没有观点评论"在它们自己之中"的形式之间令人愉快的和谐关系。每种形状特定动力和形状之间的每种关系都受那种功能所影响，知觉表象因此而不同。双耳酒罐的颈当它被看作接纳酒的瓶颈时，可能看起来很雅致很纤细（图131a），但是当它被看作是人的脖颈时，相同的相对尺寸可能看起来很粗壮很滑稽。这不只是因为通常人们的脖子是纤细的，相对尺寸的不同标准比作为通向一个开口的孔道的功能更适应于作为头部的茎干功能。

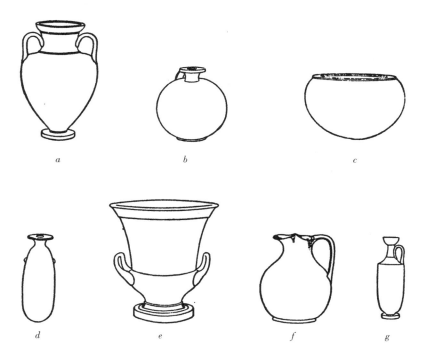

图 **131**

数学家乔治·伯克霍夫（George Birkhoff）在古希腊和中国的花瓶上实验"美的尺度"，他规定花瓶尺度的范围，如果花瓶打算摆放平稳、不被打破以及容易移动，它们就不必超过这些尺度范围。在这些限定中，他把花瓶的维度作为它们本身的几何实体，至于是否同样属于其他的物体或者根本不属于，他似乎从来没有考虑过。例如，花瓶的两个部分是同一个尺寸，无论它们是瓶颈、瓶座还是它们包含其他的功能，对它们的动力关系来说是根本不同的。

勒·柯布西耶在玩一种古老的游戏时，发现了米开朗琪罗设计的古罗马的元老院（Palazzo Senatorio）正面的两对主对角线以直角形式相交，但他没有解开美的构成的秘密（图 132）。正面矩形之间的简单关系起了很好的作用，只是因为建筑作为一个整体在朱庇特神殿广场恰好对于它的位置和功能有正确的维度。如果建筑的形状不适合它的功能或者这两个突出的架间不是把它们的作用保持在整体结构中，这种相同的关系就会看起来挤压和膨胀，潜在的几何规律性可以呈现出令人愉快的效果。但是，如果形状对于那些它们不是用于建筑目的的东西来说，它们看起来就是不正确的。

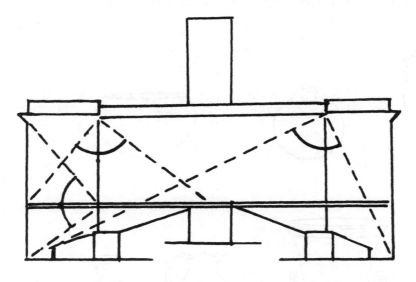

图 132

然而，那目的是什么呢？确实不只是实际功利主义需要。让我们再回到希腊花瓶，如果我们观察它们包含接纳东西、盛东西以及倒出东西的功能轮廓，我们说的包含是什么意思呢？不只是器皿的形状在物质上适合于满足这些要求——是必要的但不是充分条件。而且我们打算指出，例如，视觉动力属性的完整性表现了盛东西，边界的凸状集聚了器皿环绕中心的内容。这种功能大部分主要表现在圆形盛芬芳油类的圆瓶中，油瓶想要多盛一些并且每次少倒一点（图 131b）。这里同心容纳的能力如此占有优势，以至于小瓶颈看起来几乎像异常中断了似的。

在图131其他的例子中，同心性主题与接纳和倒出的主题相结合，这些通过沿着垂直轴线的动力在视觉上得到表达。在碗形器皿中，一只碗，向上方向只是通过切掉容器的顶部指示出来（c）。由于这个独特形状的巧妙，弧度在底部有一个相当大的半径；但是朝向顶部，好像突然意识到接近它的合拢挑战，它强迫它的弧度在开口干预之前几乎达到合拢的程度。

长细颈瓶，一种盛香水的瓶子，通过它伸长的形状修改了容纳、倒出的所有方式（d）。在用于调和酒的花托环形中，通过使用朝向开口渐渐升高作为主要主题并且用凸面体代替凹面体，外形完全从属于容器大的上部接纳和倒出的功能。

请注意，我们在这些描述中所讨论的纯粹是作为视觉功能视觉特色。接纳东西、盛东西以及倒出东西这些物质方面只是实际信息项，它们为形象的视觉动力提供了"题材"。

可能我的方法的具体实质将会被让·皮亚杰发明的号称守恒实验来进行阐释。在这些实验中，一个儿童拿着两个同样的口杯，每一个都盛着等量的液体。它们中的一个被倒进第三个又高又细的口杯（图133），一个小一点的儿童就会断言这个高的口杯盛有更多的水，甚至是他亲眼看见倒进去的。一些年纪大点的儿童就知道容量保持相同。心理学家趋向设想年纪较小的儿童只是犯了错，等量不等量的正确判断只关于物理数量。这样他们未能承认对两个不同形状的容器中相同数量感知的不等量是本身合理的现象。天真的观者宣称在较高的容器中的液体较多，不仅是外观欺骗了他——而是因为感性经验是最重要的真实，因此非常自然地一下子说了出来。他应该得到任何视觉艺术家的支持，对他来说，感知的真实还保留在首位；年纪大些的儿童，不再"被表象所欺骗"，可能在他们通往实际效能的路上很有益，却是以削弱感性为代价的。最初的知觉证据是在我们现在的讨论中必须思考的。

我通过这些花瓶的形状谈了视觉上三种表现的主要功能。让我在这里再加上花瓶以它们的不同方式表现这些功能的类型。它们大多数在作为容纳代表物的腹部和代表接纳

图133

和倒溢的瓶颈之间提供了清晰的视觉区别。这种区别可以通过从凸面到凹面的轻轻的、慢慢的曲线旋转而制成，就像陶酒坛那样（f）。或者它可以通过加边、切断容器本身、向里回转形成瓶颈，然后同样的突然再次向外形成瓶口而表现出来。这些突出旋转给出了细颈有柄长油瓶紧张信息的外观。然而，器皿也可能缺乏这种不同的功能。它可能看起来像一个原始的创造物，它还没有获得更为精细的组织水平，或者它显示更为精细优雅的解决办法，即超过为每一种特殊功能而分开的形状的简单形式法则，并且成功地把几种功能结合在共同复杂的设计中。

然而，把几种功能结合在共同复杂的设计中是一种特殊的艺术。它需要这些各种功能被视觉表现，而不管它们的功能。当赖特在他的古根海姆美术馆里，把楼层空间的水平位置与从一个楼层到另一个楼层的慢慢转变而产生的螺旋线结合起来，在视觉上保持了两者的功能并且展示了它们统一在一个醒目的、聪明的办法中。这与那种粗糙的、把各种功能强加于一个任意简化的形状中的原始风格明显不同。可能文森特·斯库利（Vincent Scully）对埃罗·沙里宁为麻省理工学院（Massachusetts Institute of Technology）设计的礼堂所做的评论比较公正，把"所有功能——适合不适合的都放进一个简单的形状中"。无论建筑师的解决办法是什么，我们都可以带着兴趣去审视它，因为在一个共同的团体里如何统一不同的运动是我们所有人都关心的问题。

自然符号：密斯和奈尔维

如果不是同时借助于它们自然的象征意义，人们就不能描述形状的动力属性。诸如接纳、容纳和倒溢这些功能绝不是仅限于花瓶中，或者更为普通的物质运动中，而是也直接与人类社会活动的基本方面相关，如宽宏大量、自私自利、贪得无厌、小气、勤俭等属性。这是我的论点，即这些符号的寓意不仅在罕见的审美注视的活动中，而且无论我们观看一个物体或者以我们自然感受的一些复杂情况对待它时都伴随感知。一般说来，就像我在前面说的那样，这些是开放性的符号，因为它们不表示特殊的用途，而是指一般感知属性所代表可能性典范的广阔范围。

同时，这些开放性的符号不同于通过它们强加给需要的一些传统符号。正像利普斯所指出的，关于它们没有什么深奥的原理，也没有什么公断。"尤其特殊形状的形式象征意义变成非常简单的事情，如此简单以至于最终看起来就像同义反复。实际上，什么比观察直立的事物使其本身垂直、弯曲的形状弯曲或者加宽的形状延展更为丰富呢？"然而利普斯接下来承认，带着极大严肃性的这些属性被意识到它们暗含的属性，并且有必要遵循它们的那些东西，这是很必要的。

感知形式的自然符号的另一个特征需要在这里被指出来。口语使我们习惯于思考作为形容词的物体属性，即附加于物体的东西。然而，只要我们在动力上思考这些属性，我们发现它们属于活动胜于事物，因此是状语而不是形容词。当说茶壶很优美，更确切地说，我们的意思是茶壶倒水很优美。或者我们可以评论它的容限很夸张，或者在接纳的过程中，它率直地听任，这就是我在前面所提出的感觉表现传达存在和行为的方式。

相对来说，比较简单的瓷器例子已经用于阐明形式和功能之间的关系。形式证明不只是功能的物质简单状态，而且它把物体的功能"转化"知觉表现的语言。在某种特征方式上的容纳和倾泻的视觉能力，不只是当我们清晰知道物质上发生的东西时我们所观察到的东西，那是视觉的"模拟"——布雷的术语——物体的实际功能。

现在让我们考察一下与建筑相近的例子，即一件家具。当人们观看密斯·凡·德·罗著名的 1929 年巴塞罗那展出的椅子的时候，人们首先注意到缺少垂直和水平的组件（图 134）。这种式样避开了容易稳定的直椅腿以及传统的稳固水平坐垫。尤其当与密斯·凡·德·罗的建筑

图 134
巴塞罗那展出
的椅子

不能修补的框架相比，这件家具通过倾斜和曲线介绍了作为人们生活一个要素的方式。与一个特殊的现代行为相一致，这把椅子并不需要使用者使他的身体适应于僵直的基本结构，而是使它适应于自己的舒服。椅子背部和底部的直角直立性对拉力部分的让步被倾斜所缓和，并且这种倾斜使椅子背部用于支撑而不是支持强化垂直性。贯穿整个椅子的设计，严格坚持秩序原则与有弹性变形结合起来。两根较长的钢筋把支撑的背部垂直度和底基础结合起来，由此产生的曲线表达了对使用者身体重量的屈服。

然而，同样的曲线，显示了足够的稳固性，支持重力安全。在视觉上，不屈不挠的支撑保证通过曲线是圆的一部分被给予了。圆是最坚硬最不可弯曲的了。通常，设计遵照简单的几何关系得到视觉的稳定性，密斯似乎把他的椅子的轮廓刻在了一个正方形上（图135）。这个正方形上部直角用作主要钢筋的圆形曲线的中心，因此它充当了弯曲的对角线，在它的中部，圆形曲线被坐垫触及；这两条钢筋的交叉把正方形分成2∶3。

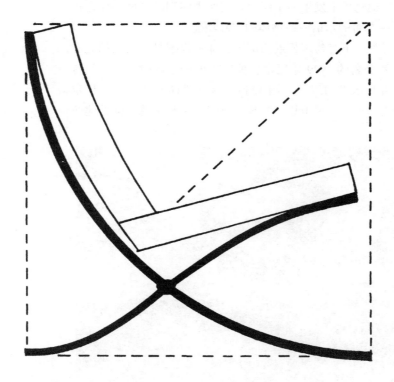

图135

在人们被直觉吸引住的时候，通过椅子外观悠闲雅致和可信坚固的巧妙组合，所有这种几何体就令人惊奇地显现出来。动力主题的复杂性也包含在下面型钢薄薄的 S 形曲线的几何里，下面的型钢非常接近直线，认可这种设计的质朴简洁，而且运用了像蔓藤花纹的垂直度以及贺加斯（Hogarth）蛇形"美的线条"的变种。这条 S 形曲线再一次与垂直和水平维度、与向上升起的支撑和水平底座结合起来；它保持了并且也对坐垫承担的重量做了让步。

在柔软坐垫的物质体积和硬金属非物质的抽象之间最终有个鲜明的对照，在物质和无实质的能量之间的会合，使使用者通过无形的力安全地悬坐在上面——象征性地隐喻我们不需墙体承载的大胆的现代生活方式并且像飞机一样飞起来。

可能这些例子已经开始具体表明，当好的设计使一个物体出现纯粹形式时所发生的东西——净化，是康拉德·菲德勒所说的神秘却又令人信服的东西。密斯椅子引人注目的动力通过把它转化为力的合成体的承载者而使实体丧失物质形态。这种合成体的有效性远远超过了具体椅子的表现，它象征在物体被表达下的文化环境中的一种生活方式。

某种可供比较的、足够简单屈从于口语分析，并且足够复杂成为建筑表现的缩影的主题，是 P·L·奈尔维于 1928 年为佛罗伦萨设计的市政露天运动场正面看台的剖面图（图 136）。这个剖面图直接取自于照片，因为它是建筑正在施工时拍摄的，但是它展示的视觉式样甚至是在建筑竣工后所采用的内在骨架。在奈尔维的设计中，垂直-水平结构的视觉稳定性清晰阐释出来了，甚至顶面和后面的垂直支撑的关系接近于直角——如此接近以至于使顶面轻微的弧度看起来像是从水平偏离来似的，这种扁平维度增强了上升的表现力度。

在这个基本是长方形的结构中，座位的倾斜平面充当了坚固的对角线。箱形的敞口朝向前面，顺应了观众使他们的视线不受柱子阻挡的需要。如果没有悬臂梁支撑，把台顶转变为优雅的弯曲楔形物，敞口将会使顶面看起来不太安全。楔形物的重量集中于建筑后面支撑的背部，当楔形物朝向敞口延伸的时候，它减少了体积。像密斯椅子的型钢一样，通过弯曲和垂直的弹性结合，楔形物的台顶外形结合起来的上升和支撑的主题转化为视觉动力。

通过它伸出的自由，这种优雅的形状证明现代人解放自己不受重力影响的能力，与此同时遵守陆地的生存法则。这种解决办法的有效性是高度独创的，却不是任意个性的自由。建筑构成的形状和安排忠实地坚持了物理静力的要求；但是它们也把动力作用转化为视觉式样，把动力

图136 P·L·奈尔维设计的佛罗伦萨伦市政运动场

主题解释给观者的眼睛。自然符号通过这种承载把表现了 20 世纪人类情况的信息式样传达出来。这就是说，佛罗伦萨运动场的正面观众席的设计实现了建筑的任务，它带有如此纯净的形式以及理性的简洁创造，以至于我毫不犹豫地把奈尔维的作品算在很少幸免于没有受文化改变触及的作品之列。

这个简单的例子，两维阐释的主题可能代表无限方式，其中建筑的作用是通过时代被理解的。简单或者复杂、静卧或者上升、敞开或者关闭、紧凑或者松散，每一种建筑通过展示人类对自己存在的挑战复苏满足基本相似的任务。

建筑造型行为

人们不能通过把建筑物体作为分离的景观从而对它们的视觉表现做得完全公正，好像它们的存在只是被观看一样。这种物体不仅反映建造它们的人的态度，也反映那些使用它们的人的态度，它们也积极为人类行为构形。很多年前，在巴黎举行的越战和谈被法语称为"内阁外交工作"——一个外交组阁的问题推迟了。美国代表和北越代表对谈判代表坐的桌子讨价还价：应该是有角的还是圆形的？是菱形的还是圆环形的？还是双月形的？这种讨论引起了许多笑话，但它只是在时间的长度上是可笑的。它是一个实质性的事件，因为它涉及在视觉上承认谁安排谁的问题。美国为了西贡政府的利益，拒绝接受越共作为讨论方。根据《纽约时报》，它提议一个双边小组，美国和南越代表对着北越和越共坐。河内坚持四方安排；美国愿意接受圆桌，四方代表围坐，但是只有在桌子上划一条横线美国才同意；河内拒绝分割线，因为它已经把桌子的中心对称转化为双边对称了。

位置的物质划分在所有礼仪场合的年代都被认为很重要。它不仅影响参与者的行为，而且也限定了他们的社会地位。有多少方的问题、如何分组的问题、他们之间的距离问题、谁在先谁在后的问题都被涉及形状、距离和高度等的空间关系符号化了。空间安排的接受是接受相应的社会式样的主要证据。这总是真实的，在提供一个合适的场景中，建筑总扮演一个显著作用。

一个人是被限定在一个狭窄的小路上还是赋予他宽广的活动余地，决定了指派给他的角色以及他施展的方式。这时我们会想起墨索里尼（Mussolini）在威尼斯宫的大厅接见拜访者，拜访者不得不穿过整个空旷空间，没有任何指示性支撑并且被独裁者审查着，他隐蔽地坐在位于房间另一端的巨大桌子的后面，而且，通向传统日本茶仪房的入口做得很低，所以每个拜访者不得不在得到允许进入之前就使自己感到卑微了。

当人们围绕一张桌子互相面对的时候，他们验证他们在宴会上的地位，即他们"一起生活"的场合。在一般的影院或演讲厅中的观众为了一种几乎相同的目的和目标，这与"和"其他人一起做事明显不同。当歌德在做他意大利之行报告时，他评论了维罗纳竞技场，"竞技场真正适合于使人们对他们自己留有深刻的印象，并且作为彼此的奇观"，他评论道：

> 建筑师通过他的技艺提供了一个环形山，尽可能简单，结果人们自己成了它的装饰。当人们看见自己聚集在这种风格中，他们一定大为惊奇，因为他们已经习惯于那些地方——看见人们在无秩序、无纪律的混乱中来来往往。但是在这个剧院里，许多摇摇摆摆闲逛的动物和许多感官把自己看成统一在一个高贵的身体里，形成和谐，融为一体稳固为一种形式，并且通过一种精神而生机勃勃。椭圆形的简洁被最愉快的方式中的每一双眼睛感觉到，每颗头脑都作为整体浩瀚的一种尺度。因为建筑很空，人们没有标准辨别它大还是小。

这里再一次让人想起了赖特的古根海姆美术馆，其中，人与人通过中央大厅相隔。他把他的观者同伴看成是看风景人们的独立图像，出现他眼前的是他也混合其中的同样拥挤的人群。同时，通过它的空间形状，这座建筑规划观者的行为是穿过一维环境的线性路线，当展示本身要求一维顺序时，例如，当一位艺术家的作品或一个时期的作品按年代顺序展示时它特别适合。

通道只是建筑影响用户的最切实的方面。建筑物有一个很大的份额决定我们每一个人在多大程度上作为个体还是群体中的一员，并且在多大程度上我们可以自由决定行动或者顺从空间边界。所有这些情况实际上是力的构造，只因为建筑本身被作为力的构造而经验，即作为一个特殊的强制式样、自由的维度、吸引和排斥，建筑环境才能作为构成我们生命动力整体的一部分。

概念如何获得形状

让我们再一次回到每一种设计的结构主题或骨架。我已经把它描述为建筑主要内涵的承载者，如果观者要把设计作为一个整体来理解，这是他必须掌握的。我们在这里需要增加的是，这个基本的主题也是概念的萌芽，它指导设计师发展他的设计。这并不是意味着在实际按年代顺序排列的事件中，每一位设计师都从相对简单的中心概念开始，然后慢慢进入到越来越多的细节中去。在实践中，一项发明的第一次火花闪现可能来自具体方面的特殊意象、来自人们支持中心主题的工作过程中。这种创造性的过程在整体概念和部分概念之间经常相当无规则地来回运动。只有当人们纵览了它的完整过程，他才对逻辑顺序变得很清晰，即从这个基本主题到它的最后化身。它就像观看小孩子做事情时跑来跑去、心不在焉的行为方式：作为一个整体来看，这些无秩序涌现是与朝向目标的顺序结合在一起的行为。

这些原始主题对所有人类发明创造都是至关重要的。无论它是一件艺术作品、一台机器、一条科学理论，还是一个商业组织，它们都萌芽于一个中心概念并且围绕它生长。然而就建筑来说，中心主题也是建筑规划和设计的桥梁。这两种基本构成之间的关系在建筑理论上有一些困惑，它也是在用语言表明需要的用户和按照视觉形式和物质材料思考的建筑师之间产生摩擦的根源。这种需要如何被转化为另一种资源并不明显，例如，一座图书馆的规划可能被谈及到要适应许多书籍和读者、提供各种各样的资料、提供服务、进门要求、现成的连接和分离，而且也可能涉及这座建筑引起的心情以及它在社区中将会代表的思想观念。

这些功能都不直接是视觉上的，它们并不是所有都能够或者需要由建筑来满足。一座建筑不能教授法语或制造高质量的打字机，它能用于使用者的目的只是它们能够被转换为建筑内涵的范围，这是空间大小、形状和关系的最重要方面。但是转化为空间属性是如何被实现的？在理论和实践都遇到的问题被托马斯·马尔多纳多（Tomás Maldonado）在20世纪60年代中期通过给定定义阐明了，他是乌尔姆造型学院（Ulm Hochschule für Gestaltung）的院长，他把工业设计定义为"一种积极活动，其目标是确定工业生产的物体的形式属性。'形式属性'不意味着外部特征，而是那些结构和功能关系，从生产者和使用者的观点来看，它把一个物体转换为一个连贯的统一体"。他进而阐述，"外部特征通常只是意图使一个物体表面上更具有吸引力的结果，或者掩饰它构成的缺陷，这样它们就体现了一个非本质属性的事实，既不随着物体一起产生，也不随物体一起发展。"问题出现了：如果设计不是构成切实的视觉形状——在这个人担任一所著名学院院长的情况下、作为包豪斯的继承者，他专心致力于"设计"——这些"结构和功能关系"的中介应该被认为是什么呢？

在这里有必要认识到，他严重脱离了建筑设计，如果他使实体和数量的原始数据应用于任何组织形式，一座建筑的"规划"本身必定假设一个视觉式样。如果人们思考一个流程图、商业组织的任何树形网络、管理层次，或者任何进程的分析、人体的有机功能或者一个讨论的逻辑发展，这都是很明显的。它们都需要在空间展示出来，并且空间意象时常在一张图表或框图的纸上给出实际视觉形状。

在思考进程阶段，规划能够与寻找建筑设计的基本主题联系起来，例如，如果想要被完善的功能需要许多分支机能，它们到中心控制室都有相同的路径，心灵就会自动考虑围绕中心做环形安排。因此转化成建筑的计划就变得有弹性，即使建筑是脱离现实形体的空间关系的虚构而不是物质实体，仍然取决于自然、原料和人类的居住者的物质和心理属性的法则。现在计划、设计和视觉思维说着同样的话。

确实，在概念的早期阶段，概念模型一般并不假定最终物体的确定形状，就像图83那种关系式样只是一种动力的构成，它们可以在纸上被描述为正方形或三角形而不是圆盘形布置。所以建筑的结构主题经常采用箭头、通过方向限定的量、整体比例、纯粹拓扑关系的系统形式，然而，这并不能阻止骨架形成视觉。实际上，视觉只是心灵能够领会的中介，一旦一个特定的建筑是最终的目标，在设计的具体阶段没有什么会停止，没有什么指向"结构"变成"视觉"，没有什么指向通往"外部"形状的本质。概念是视觉贯穿始终的，并且它保持从独自承认计划到物质上真实出现的最终形状全过程的一个动力组织。对照不好的设计，可能它真正的目的在于表面上的吸引或者缺陷的掩饰，这与我们现在讨论的建筑本质问题偏离了。

所有思想求助于建筑

当人类的心灵组织思想整体的时候，就不可避免地依据空间意象。我对建筑规划所说的已经很明确了，并且我想不出更为合适的观点来完成这本书的讨论。建筑设计是关于它功能的思想的空间组织。反过来说，任何思想的构造都呈现为建筑形式。因而，康德在《纯粹理性批判》（*Critique of Pure Reason*）趋于结尾处写了一章关于他称为纯粹理性的建筑术。他把建筑术视为"系统的艺术"。尽管康德谈及纯粹思想，建筑师将会说服他，这里所探讨的是他的专业，康德的重要段落值得完全给出：

> 在理性的统治下，我们的一般知识决不允许构成什么梦幻曲，而是必须构成一个系统，唯有在系统中这些知识才能支持和促进理性的根本目的。但我所理解的系统就是杂多知识在一个理念之下的统一性。这个理念就是有关一个整体的形式的理性概念，只要通过这个概念不论是杂多东西的范围还是各部分相互之间的位置都先天地得到了规定。所以这个科学性的理性概念包含有目的和与这目的相一致的整体形式。一切部分都与之相联系、并且在目的理念中它们也相互联系的那个目的的统一性，使得每个部分都能够在其他部分的知识那里被想起来，也使得没有任何偶然的增加、或是在完善性上不具有自己先天规定界限的任何不确定量发生。所以整体就是节节相连的，而不是堆积起来的；它虽然可以从内部生长出来，但不能从外部来增加，正如一个动物的身体，它的生长并不增添任何肢体，而是不改变比例地使每个肢体都更强更得力地适合于它的目的。①

那么，一个好的构思可以被说成是追求建筑的条件。安德烈·莫洛亚（André Maurois）表扬普鲁斯特（Marcel Proust）的重要作品，说它有教堂的简明和雄伟，他引用了普鲁斯特在 1919 年写给让·德·盖涅龙（Jean de Gaigneron）的信：

> 我曾打算给我的书加上标题，如"门廊、教堂半圆形的后殿的彩色玻璃窗"等等，因为预料到愚蠢的批评，正如我将要给你看的，惟一有价值的书在于它们最微小部分的稳固性，缺少结构。于是，我立刻放弃了这些建筑标题，因为我发现它们太做作。

---

① 参照邓晓芒译的《纯粹理性批判》，人民出版社，2004 年第 1 版，第 629 页。

为了论证建筑的思想构造的含义，我引用了 S·弗洛伊德（Sigmund Freud）为阐明他的思想而做的非常少的插图中的一张，贯穿他著作的思想是高度的视觉和空间（图 137）。在他所称作"谦虚的示意图"中，弗洛伊德从事描述两套基本心理概念，即无意识、前意识、意识和本能冲动——自我和超我之间的复杂的相互关系。主要表达的是到无意识端点的距离，即深度，因此正面图比平面图更合适。它们所代表的并不是真正刻度：弗洛伊德认为无意识王国应该更大。然而这个瑕疵并不重要，因为这张图是拓扑而不是度量。这个大小比例只是近似值，并且圆形只是用来表示传达包含关系，就像星点直线象征无意识和前意识之间的区别一样。弗洛伊德强调没有打算划分精确边界："我们不能通过直线外形公平对待心智，诸如一些人在我的图中使用的或在粗糙的图中看见的那样。现代画家的混合色区域将会做得更好。"

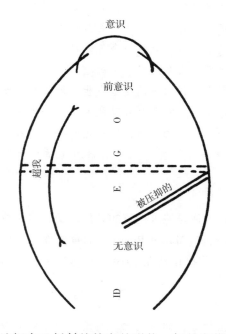

图 137

这个图逼真地把自己托付给特定的形状，但是它指出了关于一般空间关系的理性标准，诸如邻接、顺序、连接、分离、交迭等。虽然如此，概念完全是视觉的，如果它用建筑去完成，描述出来的实际形状和维度能够从这里连续而不中断。

这两种评论是中肯的。首先，尽管弗洛伊德的示意图逼真地组成了形状，但是它实际上把系统的力转化为感知实在的媒介。只有通过它们的化身，力才能显现出来。就像风需要通过云、水或树木显露出来。弗洛伊德的示意图描述了埋藏的本能冲动朝向解放意识领域深层能量的高潮，它表明阻滞这种向上运动的水平障碍，它也表明了由充当桥梁的超自我提供的缺口。潜在的形状的构建，就像在建筑中的一样，是力的构形。

其次，这个视觉模式并不只是教育学的设计、不只是一个模拟，而是用于理解复杂的相互作用力的动力的直接知觉隐喻。这个示意图指出了弗洛伊德自己认为是其中的媒介，是因为没有其他媒介可用来研究精神力的构造。这个示意图是感觉中的隐喻，没有这样的建筑存在于人们的头脑中，但是它也是感觉中的事实，它直接阐明了弗洛伊德所关注的各种力之间的关系。

因为所有人类的思想在知觉空间——建筑的媒介中被创造了出来，无论有意或无意，当它被发明并且建造成型时，就成了思想的化身。

参考文献

1. Ackerman, James S. The architecture of Michelangelo. Baltimore, 1971.
2. Alberti, Leone Battista. Ten books on architecture. New York, 1966.
3. Apel, Willi. Harvard dictionary of music. Cambridge, Mass., 1944.
4. Arnheim, Rudolf. Art and visual perception: the new version. Berkeley and Los Angeles, 1974.
5. _____. Visual thinking. Berkeley and Los Angeles, 1969.
6. _____. The genesis of a painting: Picasso's *Guernica*. Berkeley and Los Angeles, 1973.
7. _____. Lemonade and the perceiving mind. *In* Moorhouse (78), pp. ix-xii.
8. _____. Inverted perspective in art: Display and expression. Leonardo, Spring 1972, vol. 5, pp. 125-35.
9. _____. From function to expression. *In* Arnheim (10), pp. 192-212.
10. _____. Toward a psychology of art. Berkeley and Los Angeles, 1966.
11. _____. The gestalt theory of expression. *In* Arnheim (10), pp. 51-73.
12. _____. Order and complexity in landscape design. *In* Arnheim (10), pp. 123-35.
13. _____. The robin and the saint. *In* Arnheim (10), pp. 320-34.
14. _____. A review of proportion. *In* Arnheim (10), pp. 102-19.
15. _____. The dynamics of shape. Design Quart. #64. Minneapolis, 1964.
16. _____. and Eduard Sekler. Review of Schubert (104). Journal Soc. of Arch. Hist., March 1969, vol. 28, pp. 77-79.
17. Asch, Solomon E. Max Wertheimer's contribution to modern psychology. Social Research, March 1946, vol. 13, pp. 81-102.
18. _____. The metaphor: a psychological inquiry. *In* Henle (52), pp. 324-34.
19. Bachelard, Gaston. La poétique de l'espace. Paris, 1964. (Engl.: The poetics of space. New York, 1964.)
20. Banham, Reyner. A clip-on architecture. Design Quart. #63, 1965.
21. Berndt, Heide, Alfred Lorenzer, and Klaus Horn. Architektur als Ideologie. Frankfurt, 1968.
22. Birkhoff, George D. Aesthetic measure. Cambridge, Mass., 1933.
23. Bolle-Reddat, Abbé René. Our Lady of the Height, Ronchamp. Munich, 1965.
24. Boullée, Etienne-Louis. Architecture. Essai sur l'art. Paris, 1968.

25. Bower, T. G. R. The visual world of infants. Scient. Amer., Dec. 1966, vol. 215, pp. 80–92.

26. Brinckmann, Albert Erich. Plastik und Raum als Grundformen künstlerischer Gestaltung. Munich, 1922.

27. Butor, Michel. Répertoire, vol. I. Paris, 1960.

28. Chase, William G., ed. Visual information processing. New York, 1973.

29. Church, Joseph. Language and the discovery of reality. New York, 1961.

30. Coomaraswamy, Ananda K. Figures of speech or figures of thought? London, 1946.

31. Cooper, Lynn A. and Roger N. Shepard. Chronometric studies of the rotation of mental images. *In* Chase (28), pp. 75–176.

32. Dolce, Lodovico. Dialogo dei colori. Lanciano, 1913.

33. Edwards, Arthur Trystan. Architectural style. London, 1926.

34. Ellis, Willis D. A source book of gestalt psychology. New York, 1939.

35. Fiedler, Konrad. Bemerkungen über Wesen und Geschichte der Baukunst. *In* Schriften über Kunst, vol. 2, Munich, 1914.

36. Fitch, James M., John Templer, and Paul Corcoran. The dimensions of stairs. Scient. Amer., Oct. 1974, vol. 231, pp. 82–90.

37. Fletcher, Banister. A history of architecture on the comparative method. New York, 1961.

38. Focillon, Henri. The life of forms in art. New York, 1948.

39. Frankl, Paul. Die Entwicklungsphasen der neueren Baukunst. Leipzig, 1914. (Engl.: Principles of architectural history. Cambridge, Mass., 1968.)

40. Freud, Sigmund. Neue Folge der Vorlesungen zur Einführung in die Psychoanalyse. Vienna, 1933. (Engl.: New introductory lectures on psychoanalysis. New York, 1965).

41. _____. Das Unbehagen in der Kultur. Vienna, 1930. (Engl.: Civilization and its discontents. New York, 1958.)

42. Frey, Dagobert. Grundlegung zu einer vergleichenden Kunstwissenschaft. Darmstadt, 1970.

43. Frisch, Karl von. Animal architecture. New York, 1974.

44. Gibson, James J. Motion picture testing and research. Report #7. U.S. Army Air Forces Aviation Psych. Program. Washington, D.C., 1947.

45. Giono, Jean. Que ma joie demeure. Paris, 1949.

46. Golding, William. The spire. New York, 1964.

47. Guyer, Samuel. Grundlagen mittelalterlicher abendländischer Baukunst. Einsiedeln, 1950.

48. Hall, Edward T. The hidden dimension. Garden City, N.Y., 1969.

49. _____. The silent language. New York, 1959.

50. Heidegger, Martin. Bauen Wohnen Denken. *In* Vorträge und Aufsätze. Pfullingen, 1954.

51. Helmholtz, Hermann von. Popular scientific lectures. New York, 1962.

52. Henle, Mary, ed. Documents of gestalt psychology. Berkeley and Los Angeles, 1961.

53. Herrmann, Wolfgang. Laugier and eighteenth century French theory. London, 1962.
54. Hogarth, William. The analysis of beauty. Oxford, 1955.
55. Hugo, Victor. Notre-Dame de Paris, Paris, 1949. (Engl.: Notre Dame de Paris, New York, 1953.)
56. Huxtable, Ada Louise. Pier Luigi Nervi. New York, 1960.
57. Inside and outside in architecture: a symposium. Journal Aesth. Art Crit., Fall 1966, vol. 25, pp. 3-15.
58. James, William. The principles of psychology. New York, 1890.
59. Jammer, Max. Concepts of space. Cambridge, Mass., 1954.
60. Kennedy, John M. A psychology of picture perception. San Francisco, 1974.
61. Koffka, Kurt. Principles of gestalt psychology. New York, 1935.
62. Kruse, Lenelis. Räumliche Umwelt. Berlin, 1974.
63. Lashley, K. S. and J. T. Russell. The mechanism of vision: a preliminary test of innate organization. Journal of Genet. Psych. 1934, vol. 48, pp. 136-44.
64. Le Corbusier. The modulor. Cambridge, Mass., 1954.
65. Lévi-Strauss, Claude. La pensée sauvage. Paris, 1962. (Engl.: The savage mind. Chicago, 1966.)
66. Lewin, Kurt. Principles of topological psychology. New York, 1936.
67. Lipps, Theodor. Raumaesthetik und geometrisch-optische Täuschungen. Schriften d. Gesellschaft f. psychologische Forschung, II. 1897.
68. Loos, Adolf. Gesammelte Schriften. Munich, 1961.
69. Lym, Glenn. Images of home at Peabody Terrace. Unpubl. dissertation, Dept. of Psychology and Social Relations, Harvard University, 1975.
70. Lynch, Kevin. The image of the city. Cambridge, Mass., 1960.
71. MacDonald, William. Early Christian and Byzantine architecture. New York, 1962.
72. Maertens, H. Der optische Massstab oder Die Theorie und Praxis des ästhetischen Sehens in den bildenden Künsten. Berlin, 1884.
73. Maldonado, Tomás. Design education. In Gyorgy Kepes, ed., Education of vision. New York, 1965.
74. Malraux, André. Antimémoires. Paris, 1967. (Engl.: Anti-memoirs. New York, 1970.)
75. Maurois, André. A la recherche de Marcel Proust. Paris, 1949. (Engl.: Proust: portrait of a genius. New York, 1950.)
76. Michotte, Albert. La perception de la causalité. Louvain, 1946.
77. Moholy-Nagy, L. Von Material zu Architektur. Munich, 1929.
78. Moorhouse, Charles E., ed. Visual education. Carlton, Victoria, 1974.
79. Museum of Modern Art. Four new buildings: architecture and imagery (MOMA Bulletin, 1959, vol. 26, #2).
80. Musil, Robert. Der Mann ohne Eigenschaften. Vienna, 1931. (Engl.: The man without qualities. New York, 1953-65.)
81. Nervi, Pier Luigi. Aesthetics and technology in building. Cambridge, Mass., 1965.

82. Neutra, Richard. Survival through design. New York, 1954.

83. Norberg-Schultz, Christian. Existence, space, and architecture. New York, 1971.

84. _____. Intentions in architecture. Cambridge, Mass., 1965.

85. Ost, Hans. Studien zu Pietro da Cortonas Umbau von S. Maria della Pace. Römisches Jahrbuch für Kunstgeschichte, 1971, vol. 13, pp. 231–85.

86. Paivio, Allan. Images, propositions, and knowledge. Research Bulletin #309, University of Western Ontario, October 1974.

87. Panofsky, Erwin. "Idea": ein Beitrag zur Begriffsgeschichte der älteren Kunsttheorie. Berlin, 1960. (Engl.: Idea: a concept in art theory. Columbia, S. C., 1968.)

88. Parr, A. E. Problems of reason, feeling and habitat. Arch. Assoc. Quart., July 1969, vol. 1, #3, pp. 5–10.

89. Persitz, Alexandre, with Danielle Valeix. Le siège de l'Unesco à Paris. L'Architecture d'aujourd'hui, Jan. 1959, #81.

90. Pevsner, Nikolaus. An outline of European architecture. Harmondsworth, Eng., 1943.

91. Piaget, Jean. La représentation de l'espace chez l'enfant. Paris, 1948. (Engl.: The child's conception of space. New York, 1967.)

92. _____ and Bärbel Inhelder. Le développement des quantités physiques chez l'enfant. Neuchâtel, 1962.

93. Pichois, Claude. Vitesse et vision du monde. Neuchâtel, 1973.

94. Portoghesi, Paolo. Le inibizioni dell'architettura moderna. Rome, 1974.

95. Proust, Marcel. Du côté de chez Swann. Paris, 1954. (Engl.: Swann's way. New York, 1928.)

96. Prussin, Labelle and Karen Travis. Environmental arts of West Africa. Research News, University of Michigan, May 1975, vol. 25, #11.

97. Pye, David. The nature of design. London, 1964.

98. Rasmussen, Steen Eiler. Experiencing architecture. Cambridge, Mass., 1959.

99. Richter, Gisela M.A. and Marjorie J. Milne. Shapes and names of Athenian vases. New York, 1935.

100. G. Rietveld Architect. Catalogue by the Stedelijk Museum, Amsterdam, and the Arts Council of Great Britain, 1972.

101. Rudofsky, Bernard. Architecture without architects. Garden City, N.Y., 1964.

102. Schaefer-Simmern, Henry. The unfolding of artistic activity. Berkeley and Los Angeles, 1948.

103. Scheerbart, Paul. Glasarchitektur. Berlin, 1914. (Engl.: Glass architecture. New York, 1972.)

104. Schubert, Otto. Optik in Architektur und Städtebau. Berlin, 1965.

105. Schwager, Klaus. Die Porta Pia in Rom. Münchner Jahrbuch der bildenden Kunst 1973, vol. 24, pp. 33–96.

106. Scully, Vincent. Modern architecture. Rev. ed. New York, 1974.

107. Sedlmayr, Hans. Zum Wesen des Architektonischen. In Sedlmayr. Epochen und Werke, vol. 2, Vienna, 1960.

108. Sekler, Eduard F., ed. Le Corbusier's Visual Arts Center for Harvard University: a history and evaluation of its design. Cambridge, Mass., (in press).

109. Shepard, Roger N. and J. Metzler. Mental rotation of three-dimensional objects. Science 1971, vol. 171, pp. 701–3.
110. Simson, Otto von. The Gothic cathedral. New York, 1962.
111. Stevens, Peter S. Patterns in nature. Boston, 1974.
112. Straus, Erwin W. The upright posture. Psychiatric Quart. 1952, vol. 26, pp. 529–61.
113. Sweeney, James Johnson. Mondrian, the Dutch and De Stijl. Art News, Summer 1951, pp. 24–62.
114. Teuber, Marianne L. Sources of ambiguity in the prints of Maurits C. Escher. Scient. Amer., July 1974, vol. 231, pp. 90–104.
115. Thompson, D'Arcy. On growth and form. Cambridge, Eng. 1969.
116. Venturi, Robert. Complexity and contradiction in architecture. New York, 1966.
117. Waley, Arthur. The way and its power. New York, 1958.
118. Weiss, Paul A. One plus one does not equal two. In G. C. Quarton, ed., The neurosciences. New York, 1967.
119. Werner, Heinz. Comparative psychology of mental development. New York, 1948.
120. Wertheimer, Max. Gestalt theory. Social Research, Feb. 1944, vol. 11, pp. 78–99.
121. _____. Untersuchungen zur Lehre von der Gestalt. II. Psychologische Forschung 1933, vol. 4, pp. 301–50. (Engl. in Ellis [34], pp. 71–88.)
122. Witkin, H.A., et al. Psychological differentiation. New York, 1962.
123. Wittkower, Rudolf. Architectural principles in the age of humanism. New York, 1962.
124. Wölfflin, Heinrich. Prolegomena zu einer Psychologie der Architektur. In Kleine Schriften. Basel, 1946, pp. 13–47.
125. Wright, Frank Lloyd. The natural house. New York, 1954.
126. Zucker, Paul. Town and square. New York, 1959.

致谢

The author is indebted to:

George Allen and Unwin Ltd., London, and Barnes & Noble, New York, for a quotation from Arthur Waley, *The Way and Its Power*.

the University of California, San Diego, for a photograph of its library (Fig. 118).

the Regents of the University of California for a quotation from Horatio Greenough, *Form and Function*.

Miss Prunella Clough and Mr. Patrick Carr for a photograph of David Carr's sculpture (Fig. 38).

Knoll International, New York, for permission to reproduce Mies van der Rohe's Barcelona chair (Fig. 134).

Prof. William L. MacDonald for the photograph of a plaster cast model of the Hagia Sophia (Fig. 52).

Dott. Pier Luigi Nervi and the Harvard University Press for a photograph of Nervi's grandstand for the Municipal Stadium in Florence (Fig. 136).

Prof. Paolo Portoghesi for photographs from his book, *Le inibizioni dell'architettura moderna* (Fig. 14, 57, 121).

Random House, Inc. Alfred A. Knopf, Inc. for permission to reprint "Anecdote of the Jar" from Wallace Stevens's *Collected Poems*.

Prof. Henry Schaefer-Simmern for a photograph from his *The Unfolding of Artistic Activity* (Fig. 43).

Prof. Eduard F. Sekler for photographs and ground plan of the Carpenter Center for the Visual Arts, Harvard University (Fig. 13, 69).

Mr. Robert Sowers for his drawing (Fig. 110).

Dr. H. van den Doel, Ilpendam, for permission to use a photograph of his home (Fig. 101).

词汇对照

Ackerman，James S. 阿克曼

Acropolis 阿克罗波利斯卫城

African architecture 非洲建筑

Alberti，Leone Battista 阿尔贝蒂

Allometry 异速

Amadeo，Giovanni 阿马德奥，焦万纳

Ambiguity 含混

Amiens 亚眠

Amsterdam 阿姆斯特丹

Angle，visual 角度，视觉

"Anonymous" architecture "无名" 建筑

Antoninus and Faustina，Temple of 安东尼与
  福斯蒂纳，神庙

Apel，Willi 阿佩尔

Arches 拱

Archytas 阿奇塔

Aristotle 亚里士多德

Arp，Jean 阿尔普，让

Attraction and repulsion 吸引和排斥

Bach，Johann Sebastian 巴赫

Bachelard，Gaston 巴什拉尔，加斯东

Balance 平衡

Bamberg 班贝格

Barcelona chair 巴塞罗那椅

Barcelona pavilion 巴塞罗那展览馆

Baroque architecture 巴洛克建筑

Bauhaus 包豪斯

Beauty 美

Berlin，Memorial Church 柏林，纪念堂

Berndt，Heide 贝恩特，海德

Bernini，Giovanni Lorenzo 伯尔尼尼

Bird's-eye view 鸟瞰

Birkhoff，George 伯克霍夫，乔治

Borghese，Casino，Rome C·博尔盖塞，
  罗马

Borromini，Francesco 普罗密尼，弗兰切斯科

Boullée，Etienne-Louis 布雷

Boundaries 边界

Bourges 布尔日

Bramante，Donato 布拉曼特，多纳托

Breuer，Marcel 布罗伊尔，马塞尔

Breughel，Pieter 勃鲁盖尔

Brinckmann，Albert Erich 布林克曼

Bruchsal 布鲁赫萨尔

Brunelleschi，Filippo 布鲁内莱斯基

Burckhardt，Jakob 布克哈特

Burrows 地下通道

Butor，Michel 布托尔，米歇尔

Cabinet of Doctor Caligari，*The*《卡利加里博
  士的小屋》

Capitol，Rome 朱庇特神殿

Carpenter Center for the Visual Arts 卡彭特视

觉艺术中心

Carr，David 卡尔，大卫

Cefalù 切法卢

Certosa，Pavia 切尔托萨，帕维亚

Channels 渠道

Chartres 夏特尔

Church，Joseph 丘奇，约瑟夫

Church architecture 教堂建筑

Circular shape 圆形

Colosseum 罗马斗兽场

Columns 柱

Complexity 复杂性

Concavity 凹入

Containers 容器

Contour rivalry 轮廓竞争

Contradiction 矛盾

Contrast 对比

Convexity. *See* Concavity 凸出，见凹入

Coomaraswamy，Ananda K. 库马拉斯瓦米，
  阿南达，K

Copley Square，Boston 波士顿的考布利广场

Cortona Pietro da 科尔多纳，彼得罗·达

Cross；Latin 十字，拉丁

Crossings 路口

Crowds 人群

Crystal Palace 水晶宫

Dali，Salvador 达利，S

Deformations 变形

Density 密度

Depth perception 深度感知

Disorder 无秩序

Distance 距离

Dolce，Lodovico 多尔切，洛多维科

Durandus，Guilielmus 杜兰杜斯，吉列姆斯

Edwards，Trystan 爱德华兹，特里斯坦

Egyptian columns 埃及柱式

Egyptian sculpture 埃及雕塑

Eiffel Tower 埃菲尔铁塔

Einstein，Albert 爱因斯坦，阿尔伯特

Elevation，*See* Section 立面，见剖面

Empathy 同情

Empire State Building 帝国大厦

Emptiness 虚空

Entasis 凸肚式

Epidaurus 埃皮道鲁斯

Equilibrium，*See* Balance 均衡，见平衡

Escher，Maurits C. 埃舍尔

Expression 表现

Eye movements 眼球运动

"Falling Water" 流水别墅

Fibonacci series 斐波那契数列

Fiedler，Konrad 菲德勒，康拉德

Field of forces 力场

Figure and ground 图和底

Film 电影

Fletcher，Banister 弗莱彻，巴尼斯特

Florence：Dome；Foundling Hospital；Munici-
  pal Stadium 佛罗伦萨穹顶；育儿医院；
  首府体育场

Focillon，Henri 福西永，亨利

Fountains 喷泉

Frankl，Paul 弗兰克尔，保罗

Free enterprise 自由企业

Freud，Sigmund 弗洛伊德，S

Frey，Dagobert 弗赖，达戈贝特

Frisch，Karl von 弗里施，卡尔·冯

Frontality 前立面

Fuller，Buckminster 富勒，巴克敏斯特

Function 功能

Gabo，Naum 盖博，瑙姆

Gaigneron，Jean de 盖涅龙，让·德

Gardens 花园

Gautier，Théophile 戈蒂埃，泰奥菲勒

Geminiani，Francesco 杰米尼亚尼，F

Gestalt psychology 格式塔心理学

Gibson，James J. 吉布森，詹姆斯

Giono，Jean 季奥诺，让

Giorgio，Francesco di 乔治，弗朗切斯科·迪

Goddard Library 戈达德图书馆

Goethe，Johann Wolfgang von 歌德

Golden section 黄金分割

Golding，William 戈尔丁，威廉

Gothic architecture 哥特式建筑

Gradients 梯度

Gravity 重力

Greek temples 希腊神殿

Greek vases 希腊花瓶

Greenough，Horatio 格里诺，霍拉蒂奥

Guggenheim Museum 古根海姆美术馆

Hagia Sophia 圣索菲亚

Hall，Edward 霍尔，爱德华

Hancock Tower，Boston 汉考克大厦，波士顿

Handwriting 书法，笔迹

Heidegger，Martin 海德格尔，马丁

Herrmann，Wolfgang 赫尔曼，沃尔夫冈

High-rise buildings 高层建筑

Hogarth，William 贺加斯

Homogeneity 同质性

Horizontal，*See* Vertical and horizontal 水平，
　　见垂直与水平

Hugo，Victor 雨果，维克多

Ilpendam 伊尔盼德姆

Imagery，spatial 想像，空间

Indian architecture 印度建筑

Inflection 变形

Inside and outside 内与外

Interiors 室内

International Style 国际风格

Interspace 空隙

Irregularity 不规则

James，William 詹姆斯，威廉

Jammer，Max 詹莫，马克斯

Japanese architecture 日本建筑

Johnson Wax Building 约翰逊·瓦科斯大楼

Kamakura，Buddha 镰仓大佛

Kant，Immanuel 康德

Kinesthesis 肌肉运动知觉

Knossos 科诺索斯

Kolbe，Georg 科布尔，格奥尔格

Kruse，Lenelis 克鲁泽，莱纳利斯

Laugier，Marc-Antoine 洛吉耶，马克-安托万

Laurentian Library 劳伦斯图书馆

Leclair，Jean-Marie 勒克莱尔，让-马里耶

Le Corbusier 勒·柯布西耶

Ledoux，Claude Nicolas 勒杜

Lévi-Strauss，Claude 莱维-斯特劳斯，克劳德

Lewin，Kurt 莱温，库尔特

Liberty，Statue of 自由女神像

Life space 生活空间

Light 光

Likeness 相似

Lincoln Memorial，Washington 林肯纪念堂，
　　华盛顿

Lipchitz，Jacques 利普希茨，雅克

Lipps，Theodor 利普斯，特奥多尔

Loos，Adolf 路斯，阿道夫

Lorenzer，Alfred 洛伦泽，阿尔弗雷德

Lumière，Louis 卢米埃尔，路易

Lym，Glenn 吕姆，格伦

Lynch，Kevin 林奇，凯文

MacDonald，William L. 麦克唐纳，威廉

McKim，Mead，and White 麦金 MMW 公司

Maertens，H. 梅尔廷斯

Magritte，René 马格利特·勒内

Maldonado，Tomás 马尔多纳多，托马斯

Malraux，André 马尔罗，安德烈

Mantua：Giulio Romano's house 曼图亚：朱利奥·罗马诺的府邸

Sant'Andrea 圣安德烈教堂

Matignon，Hôtel de，Paris 马提翁酒店，巴黎

Maurois，André 莫洛亚，安德烈

Michelangelo 米开朗琪罗

Michotte，Albert 米乔特，阿尔伯特

Mies van der Rohe，Ludwig 密斯·凡·德·罗

Mills，Robert 米尔斯，罗伯特

Mobile homes 移动房屋

Mobility，P. 移动性

Models 模型

Modulation 调制

Modulor 模度

Moholy-Nagy，Laszlo 莫霍伊-纳吉

Mondrian，Piet 蒙德里安，皮特

Montreal，U. S. Pavilion 蒙特利尔美国厅

Moore，Henry 摩尔，亨利

Morandi，Giorgio 莫兰迪，乔治

Motor behavior 运动状态

Music 音乐

Musil，Robert 穆齐尔，罗伯特

Mussolini，Benito 墨索里尼

Mycenae 迈锡尼

"Mystery" houses "神秘" 小屋

Nature 自然

Near-Eastern tombs 近东陵墓

Nerval，Gérard de 内瓦尔，热拉尔·德

Nervi，Pier Luigi 奈维尔

Nest-building 筑巢

Neutra，Richard 诺伊特拉，理查德

New Orleans 新奥尔良

Nördlingen 诺丁根

Noise 噪声

Norberg-Schulz，Christian 诺伯格-舒尔茨，克里斯蒂安

Northwick Park Hospital 瑙斯韦克公园医院

Notre-Dame，Paris 巴黎圣母院

Nuclear square 核心广场

Obliqueness 倾斜

Openness and closedness 开放与封闭

Order and disorder 秩序与无秩序

Ornament 装饰

Ost，Hans 奥斯特，汉斯

Outside，*See* Inside and outside 外，见内与外

Padua，Sant'Antonio 圣安东尼，帕多瓦市

Painting 油画

Palazzo Farnese，Rome 罗马法尔内赛宫

Palazzo Massimi，Rome 罗马马斯密宫

Palazzo Venezia，Rome 罗马威尼斯宫

Palladio，Andrea 帕拉弟奥，安得烈亚

Pantheon，Paris，Rome 万神庙

Paris：Place de la Concorde，Place des Vosges 巴黎协和广场，孚日广场

Parthenon 帕提农神庙

Parts and whole 局部与整体

Penetration 穿透

Pereira，William L. 佩雷拉，威廉

Persepolis 波斯波利斯

Perspective，isometric 透视，等透视法

Pevsner Antoine 佩夫斯纳，安东尼

Pevsner，Nikolaus 佩夫斯纳，尼古拉斯

Piaget，Jean 皮亚杰，让

Pichois，Claude 皮舒瓦，克洛德

Pisa 比萨

Plan 平面图

Plato 柏拉图

Porta Pia，Rome 庇亚城门，罗马

Portmann，Adolf 波特曼，阿道夫

Portoghesi，Paolo 波托盖希，保罗

Program 方案

Proportions 比例

Proust，Marcel 普鲁斯特，马塞尔

Proxemics 空间关系学

Prussin，Labelle 普鲁森

Pye，David 派伊，大卫

Pyramids 金字塔

Quattro Fontane，Rome 四喷泉，罗马

Raphael 拉斐尔

Rasmussen，Steen Eiler 拉斯穆森

Refinements 高雅

Reflecting glass 反射玻璃

Renaissance 文艺复兴

Retardation 障碍

Richardson，H. H. 理查森

Rietveld，Gerrit 里特韦尔，格里特

Romanesque architecture 罗马式建筑

Romano，Giulio 罗马诺，朱利奥

Ronchamp 朗香

Rose windows 圆花窗

Ruins 废墟

Ryoanji，Kyoto 龙安寺，京都

Saarinen，Eero 沙里宁，埃罗

St. Denis，Paris 圣德尼教堂，巴黎

St. Ivo，Rome 圣依欧，罗马

St. Peter's，Rome 圣彼得教堂，罗马

San Diego，California 圣迭戈，加利福尼亚

San Miniato，Florence 圣米尼阿托，佛罗伦萨

San Pietro in Montorio，Rome 圣皮耶罗，罗马

Santa Maria della Pace，Rome 圣玛丽亚感恩教堂

Scala Regia，Vatican 大阶梯，梵蒂冈

Schaefer-Simmern，Henry 舍费尔-西门，亨利

Scheerbart，Paul 舍尔巴特，保罗

Schenker，Heinrich 申克尔，海因里希

Schubert，Otto 舒伯特，奥托

Screens 网格

Scully，Vincent 斯库利，文森特

Sculpture 雕塑

Section 剖面

Sekler，Eduard F. 塞克勒尔，爱德华

Self-image 自我形象

Semantics 语义学

Sens 神思教堂

Shakespeare，William 莎士比亚

Shelter 棚体

Siena，Cathedral 锡耶纳教堂

Signs 标志

Sikhara 希诃罗

Simplicity 简化

Simson，Otto von 西姆森，奥托·冯

Size 尺寸，大小

Sky，ceiling of 天空，最高限度

Skyline 天际线

Soufflot，Germain 苏弗洛

Sowers，Robert 索尔斯

Space：asymmetrical，negative，physical 空间：不对称，消极，物理

Spanish Steps，Rome 西班牙台阶，罗马

Squares 广场

Stamford，Presbyterian Church 斯坦福德长老会教堂

Steps 台阶，阶梯

Stevens，Peter 史蒂文斯，彼得

Stevens，Wallace 史蒂文斯，华莱士

Streets 街

Structure 结构

Suger，Abbot 叙热，阿博特

Sweeney，James Johnson 斯威尼

Sydney，Opera House 悉尼歌剧院

Symbols，conventional，open 符号，习俗，开放

Symmetry 对称

Systems 系统

Tao Tê Ching 道德经

Tchelitchew，Pavel 切利乔夫

Tempietto，Rome 小教堂

Theme，structural，结构主题

Three-dimensionality 三维

Timaeus 蒂迈欧篇

Tintoretto，Domenico 廷托雷托

Toulouse：Jacobins，St. Sernin 图卢兹：雅各宾，圣塞南

Tower of Babel 巴别塔

Trafalgar Square 特拉法加广场

Trinità de'Monti，Rome 圣三一教堂

Transept 十字型翼部

Transparency 透明

Travis，Karen 特拉维斯，卡伦

Unesco building，Paris 联合国教科文组织大厦，巴黎

Unité d'Habitation，Marseille 公寓大楼，马塞

Unity 统一

Utopian towns 乌托邦城镇

Utzon，Jörn 伍重，乔恩

Value judgments 价值判断

Vaudoyer，Léon 沃杜瓦耶

Venturi，Robert 文丘里

Verona，Amphitheater 维罗纳，圆形剧场

Vertical and horizontal 垂直和水平

Vézelay 维孜莱

Vietnam peace talks 越战和谈

Vicenza：Palazzo Chiericati，Villa Rotonda 维琴察，奇立卡提宫，圆厅别墅

Vistas 别墅

Visual field，range of 视觉场的范围

Vitruvius 维特鲁威

Wagner，Richard 瓦格纳，理查德

Walls 墙

Washington Monument 华盛顿纪念碑

Washington Square，New York 华盛顿广场，纽约

Watterson，Joseph 沃特林

Weight，visual 视觉重量

Weiss，Paul 韦斯，保罗

Weissenhof，Stuttgart 魏森霍夫，斯图加特

Wertheimer，Max 韦特海默，马克斯

Whitney Museum 惠特尼博物馆

Wieskirche 威斯教堂

Wittkower，Rudolf 维特科夫尔，鲁道夫

Wölfflin，Heinrich 沃尔夫林，海因里希

Wright，Frank Lloyd 赖特，弗兰克·劳埃德

York University，Toronto 多伦多约克大学

Zucker，Paul 朱克，保罗

Zucker，Wolfgang 朱克，沃尔夫冈

译后记

　　本书是鲁道夫·阿恩海姆（Rudolf Arnheim，1904~1994）于1977年出版的"The Dynamics of Architectural Form"一书的中译本。

　　阿恩海姆是20世纪最伟大的艺术心理学家和美学家之一，他在艺术学、艺术心理学、美学以及建筑、媒介等多个领域都做出了富有创建性的贡献。在漫长的学术生涯中，他的学术研究重心发生了两次重大转变。从柏林大学师从韦太海默开始到《艺术与视知觉》（1954）一书的出版，阿恩海姆一直致力于格式塔心理学研究，用艺术作为例证。然而在此后的许多年里，他的做法恰恰相反，即首先致力于艺术研究，然后求助于所有适用的心理学理论。1974年，阿恩海姆从哈佛大学退休，立即接受了纽约库珀联合学院的邀请，从事建筑理论的授课工作。在那里他开始完善多年孕育的视知觉形式动力理论，即以"动力"为核心探讨艺术形式与视知觉的关系，进而形成了《建筑形式的视觉动力》一书，所以这本书既可以看作是其视知觉理论在建筑艺术领域的具体运用，也可以看作是以建筑艺术为例来阐释其视知觉形式的动力理论。

　　阿恩海姆所说的视知觉形式动力是主客观的统一。视觉形式动力既是视觉形式的物理力，也是视知觉形式的心理力。一方面，视觉形式动力作为视知觉的"对象"，是视觉形式本身的固有属性，就像视觉形式的形状、大小、颜色一样，是客观的，即物理力；另一方面，视觉形式动力作为视知觉的"观看"，又是主观的，即心理力。心理力和物理力之所以能够契合，就是因为这两种力能够"异质同构"，但是这两种力不是静止的、简单的"同构"，而是经过物理力和生理力积极斗争的一个动态过程而产生的结果。

　　从方法论上讲，阿恩海姆的理论是建立在格式塔心理学基础之上的，具有一定的科学性。但是这种对视觉共同经验的研究毕竟抛开了历史、文化、社会的背景，于是，建筑的形式成为纯粹的视觉形式，人也作为"中性的人"来观看，这种研究方法显然具有一定的片面性。然而假如我们不囿于本质主义和历史主义之间的纠缠，而是仔细阅读阿恩海姆的《建筑形式的视觉动力》一书，我们就会发现，这本书并没有因为缺乏历史、文化以及社会蕴涵而枯燥无味，而仍然韵味十足，并且鞭辟入里、令人折服。这才是其魅力所在，也是值得我们关注之所在。

　　翻译这本书的初衷，是我要做关于阿恩海姆的博士论文，这本书是其中主要参考书目之一，不知深浅的我认为，与其仔细阅读原著之后不了了之，还不如将其翻译过来，无论好坏，总能给人一点参考、借鉴。我把这一想法告诉了导师牛宏宝先生，先生欣然同意。然而在翻译过程中，我却深刻体会到，能读懂是一回事，而将其说明白又是一回事，深受"可意会不可言传"的煎熬，然而由于导师的不断鞭策与鼓励，并在百忙之中为我校稿，才使译稿得以完成。如果这本译作对学界能有一点贡献，也主要是导师的功劳；当然，任何纰漏或错误，都是我自己的。

　　本书中文版的问世，还要感谢中国建筑工业出版社的副编审程素荣女士及其同事。他们为该书的版权及出版做了大量工作，并对译文进行了详细的审校，还统一了全书的译名。他们严谨的学风以及对工作的热忱，令我深为感动。

　　还要感谢我的大学老师——长春大学外国语学院的王泽霞教授，她帮我翻译了书中的许多意大利语、法语、德语、西班牙语等外来语。还要感谢大连外国语学院的刘风光教授、中国人民大学哲学院的谷鹏飞博士、北京林业大学的李金凤硕士，他们在我翻译过程中都给予了一些有益的帮助。

　　在本书的翻译过程中，译者虽已尽心尽力，但由于书中涉猎的知识面极为广阔，而自己学识有限，译文不免有所错误，还望读者和专家批评指正。

宁海林

2006 年 6 月于中国人民大学品园